福建省属公益类科研院所科技创新能力研究

池敏青　著

中国农业科学技术出版社

图书在版编目(CIP)数据

福建省属公益类科研院所科技创新能力研究 / 池敏青著. --北京：中国农业科学技术出版社，2022.9

ISBN 978-7-5116-5942-2

Ⅰ.①福…　Ⅱ.①池…　Ⅲ.①科研院所-科研管理-研究-福建　Ⅳ.①G322.235.7

中国版本图书馆 CIP 数据核字(2022)第 179461 号

责任编辑　徐定娜
责任校对　李向荣　贾若妍
责任印制　姜义伟　王思文

出 版 者　中国农业科学技术出版社
北京市中关村南大街 12 号　　邮编:100081
电　　话　(010) 82105169 (编辑室)　　(010) 82109702 (发行部)
(010) 82109709 (读者服务部)
网　　址　https://castp.caas.cn
经 销 者　各地新华书店
印 刷 者　北京建宏印刷有限公司
开　　本　185 mm×260 mm　1/16
印　　张　9.75
字　　数　210 千字
版　　次　2022 年 9 月第 1 版　2022 年 9 月第 1 次印刷
定　　价　80.00 元

前 言

2016年，中共中央、国务院颁布《国家创新驱动发展战略纲要》，把创新驱动发展作为国家优先战略，以科技创新为核心带动全面创新。公益类科研院所是国家创新体系的重要组成部分，以向全社会提供公共技术和公益服务为主要任务。随着经济社会的不断发展，公益类科研院所成为科技体制机制改革的重要对象之一。按照国家的总体改革要求，福建省不断推进省属科研院所改革，截至2020年，福建省共有36家省属公益类科研院所，按非营利性机构运行和管理。

中华人民共和国成立后，特别是改革开放以来，福建省属公益类科研院所不断发展壮大，人才队伍、经费投入、设施条件和创新平台等稳步提高，知识创造和技术创新持续增强，在引领区域公共基础科学研究创新、保障区域现代农业可持续发展、推动区域重要行业共性技术进步、满足区域公共安全技术需求等方面发挥着重要作用。近年来，福建省属公益类科研院所科技体制机制改革稳步推进，围绕赋予科研机构和科技人员更大自主权，先后出台了《关于加大对公益类科研机构稳定支持的若干意见》（闽科政〔2008〕39号）、《进一步支持省属科研机构加快创新发展的若干意见》（闽政〔2013〕28号）、《进一步促进高校和省属科研院所创新发展政策贯彻落实的七条措施》（闽科综〔2019〕7号）等政策措施，持续投入省属公益类科研院所基本科研专项资金，强化引导和激励科研院所提升创新创业创造能力，为推动福建经济社会发展做出积极贡献。但随着新一轮科技革命和产业变革的突飞猛进，科学研究范式正在发生深刻变革，公益类科研院所逐渐暴露出纵向融入产业创新链能力偏弱、横向与其他主体协同创新机制尚未形成、科技创新成果转化匮乏等创新问题。因此，新发展阶段开展福建省属公益类科研院所科技创新能力研究，关系到科研院所科技创新绩效以及创新引领高质量发展，具有重要的理论和现实意义。

本书共分为6章。分别从改革和创新发展、主要创新指标态势、科技创新能力评估、科技创新效率测度、绩效评估体系构建、基本科研专项执行6个方面对福建省属公益类科研院所科技创新能力进行系统评估和分析，厘清发展现状和存在问题，提出针对性对策建议，为提高科研院所科技创新能力提供实施路径和参考依据。

目 录

第一章

福建省属公益类科研院所
改革和创新发展

福建省属公益类科研院所①是以向全社会提供公共技术和公益服务为主要任务的科研机构，是政府协调经济社会发展不可缺少的技术支撑，科研和技术服务涉及农业、林业、生物、海洋、医学、体育、安全、计量、环保等18类学科领域。本章对36家福建省属公益类科研院所的改革历程、发展布局、发展特点、创新成效及存在问题进行梳理和分析，并提出对策建议，为完善省属公益类科研院所科技创新能力的相关政策提供参考依据。

第一节　改革历程

福建省属公益类科研院所多数成立于计划经济时期，其改革是伴随着科技体制改革而不断深入推进，是自上而下、动态调整的过程。改革开放前，福建省属科研院所按照计划经济制度设计的组织结构和体制机制运行，其特点是研发经费以国家投入为主，政府按照科技计划直接下达指令性科研任务并实行行政化管理。在当时历史条件下，科研院所为区域经济社会发展和国防建设解决了一系列重大科技问题，做出了突出贡献。

改革开放后，随着工作重心向经济建设转移，原有科技体制深层结构中的固有弊端日益显现，科研机构改革势在必行。1985年，中共中央发布《关于科学技术体制改革的决定》，拉开了福建省属科研院所的改革序幕。按照中共中央、国务院和省委、省政府的部署，福建省属科研院所主要历经20世纪80—90年代减拨事业费的试点改革（1987年开始的内部机制试点改革）和21世纪初企业化转制的深化改革（2000年开始的管理体制分类改革），科研院所的体制也从单一模式走向多样化[1-3]。历经改制、撤并、退出和新建，截至2020年，福建省共有36家省属公益类科研院所。

一、减拨事业费的试点改革（20世纪80—90年代）

根据《中共中央关于科学技术体制改革的决定》(1985年)、《国务院关于科学技术拨款管理的暂行规定》（国发〔1986〕12号)、《国家科学技术委员会关于科研

① 书中福建省属公益类科研院所是指公立的自然科学公益类科研院所，不包括公立的社会科学公益类科研院所，如福建省社会科学院等。近年来陆续有科研院所退出省属公益类科研院所行列，书中采用的历年数据均以现有的36家省属公益类科研院所为统计对象。书中数据（成果）仅统计科研院所为第一完成单位的；同一成果不同级别对同一单位只统计一次，按最高级别统计。

单位分类的暂行规定》（1986年）等精神，1987年，福建省人民政府印发《福建省科学技术拨款管理暂行办法》，同年，福建省科学技术委员会和财政厅联合印发《关于技术开发研究单位改革减拨事业费的意见》，对当时全省59家省属独立科研院所（科研事业费预算拨款渠道为福建省科学技术委员会）进行分类，确定其中40家属于社会公益事业、技术基础、农业科学研究类型，科研事业费仍由国家拨付，实行包干管理。其余19家属于技术开发类型，实行削减事业费10%～30%，当年共减拨事业费89.06万元，之后逐年减少，直到1998年减拨到位[4]。

二、企业化转制的深化改革（2000年开始）

为进一步深化福建省科研机构管理体制改革，根据《国务院办公厅转发〈科技部等部门关于深化科研机构管理体制改革实施意见〉的通知》（国办发〔2000〕38号）和《国务院办公厅转发〈科技部等部门关于非营利性科研机构管理的若干意见（试行）〉的通知》（国办发〔2000〕78号）等精神，福建省出台了一系列政策措施，明确深化省属科研机构管理体制改革的目标、方向和任务。

（一）福建省属开发类科研院所

2000年，《福建省人民政府办公厅转发〈省科技厅等部门关于推进省属开发型科研机构实行企业化转制实施意见〉的通知》（闽政办〔2000〕91号），提出："按照科技体制改革的总体要求和原则，近期重点推进福建省光学技术研究所、福建省纺织工业研究院、福建省机械研究所等13所省属开发型科研机构实行企业化转制"。随后《福建省科技厅等部门印发〈关于福建省推进省属开发型科研机构实行企业化转制实施意见的补充规定〉的通知》（闽科政〔2000〕18号），明确提出：17个实行企业化转制的科研机构，除闽政办〔2000〕91号文第五点已公布的13个省属开发类科研机构外，还包括省电子技术研究所、省交通科学技术研究所、省亚热带园艺植物研究中心和省水轮泵研究所等4个省属开发型科研机构，其中省水轮泵研究所予以撤销，有关人员由省机构研究院内部进行调整。省广播电视技术研究所、省国防工业综合研究所不再纳入省属独立科研机构管理序列，其人、财、物等由主管厅局（公司）进行管理。2002年，《福建省人民政府办公厅转化〈省科技厅等部门关于深化省属科研机构管理体制改革若干意见〉的通知》（闽政办〔2002〕116号），明确规定："凡公益类研究和应用开发的科研机构，有面向市场能力的要向企业化转制。以提供公益性服务为主的科研机构，有面向市场能力的也要向企业化转制。"同年，《福建省人民政府办公厅转发〈省科技厅等部门关于省属科研机构产权制度改革试点工作意见〉的通知》（闽政办〔2002〕178号），启动省属开发类科研院所产权制度改革试点工作。

在政策的引导下，2000年底，技术开发类科研院所在编人员全部进入省级统筹养老保险和省级医疗保险，业务骨干实行了延缓退休政策，离退休人员和提前退休人员经费统一由省财政负担，全部人员住房补贴按政策落实到位。省政府专门设立了6 000万元“科技体制改革专项经费”，改革过渡期间省财政每年还对开发类科研院所继续保持专项扶持，科研院所改革税收优惠政策也基本得到落实，开发所中检测计量机构按公益事业机构性质得到重新确认。2000年12月，为推动开发类科研院所企业化转制工作，福建省科学技术厅下达体制机制专项经费2 252万元，用以支持17家省属开发类科研院所（含已撤销的福建省国防工业综合研究所）人员分流和强化“造血功能”。双方在合同中约定，开发类科研院所应于2001年初完成企业化转制工商登记。2001年，福建省工艺美术研究院完成工商注册登记。

截至2020年，余下15家开发类科研院所中有6家完成工商登记转制成企业，有2家转制正在推进中，有7家尚未转制（表1-1）。由于政策配套不完善、政策落实困难，以及科研院所自身缺乏发展资金等原因，福建省属开发类科研院转制改革过程遇到种种困难，部分科研院所改革未能全面顺利推进[5]。

表1-1　福建省属开发类科研院所

序号	科研院所	隶属关系	转制情况
1	福建省水轮泵研究所	福建省工业和信息化厅	撤销
2	福建省广播电视技术研究所	福建省广播电视局	不再纳入省属独立科研院所管理序列
3	福建省国防工业综合研究所	福建省工业和信息化厅	不再纳入省属独立科研院所管理序列
4	福建省工艺美术研究院	福建省工业和信息化厅	2001年完成工商登记，福建省工艺美术研究院
5	福建省亚热带园艺植物研究中心	—	2012年9月完成工商登记，漳州市亚热带园艺技术有限公司
6	福建省冶金工业研究所	福建省冶金控股有限责任公司	2017年5月完成工商登记，福建省冶金工业设计院有限公司
7	福建省建筑科学研究院	福建省建工集团	2018年6月完成工商登记，福建省建筑科学研究院有限责任公司
8	福建省煤炭工业科学研究所	福建能源集团	2018年12月完成工商登记，福建省福能安全科技有限公司
9	福建省建筑材料工业科学研究所	福建能源集团	2018年12月完成工商登记，福建省建筑材料科研院有限公司

（续表）

序号	科研院所	隶属关系	转制情况
10	福建省交通科学技术研究所	福建省交通发展科技集团有限公司	2018 年 12 月完成工商登记，福建省交通科研院有限公司
11	福建省轻工业研究所	福建省轻纺控股责任有限公司	正在转制
12	福建省纺织工业研究所	福建省轻纺控股责任有限公司	正在转制
13	福建省机械研究所	福建省工业和信息化厅	未转制
14	福州木工机床研究所	福建省工业和信息化厅	未转制
15	福建省电子技术研究所	福建省电子信息集团	未转制
16	福建省光学技术研究所	福建省电子信息集团	未转制
17	福建省粮油科学技术研究所	福建省粮食和物资储备局	未转制
18	福建省化学工业科学技术研究所	福建石油化工集团有限责任公司	未转制
19	福建省二轻工业研究所	福建省国有资产管理有限公司	未转制

（二）福建省属公益类科研院所

2002 年，《福建省人民政府办公厅转发〈省科技厅等部门关于深化省属科研机构管理体制改革若干意见〉的通知》（闽政办〔2002〕116 号），明确规定：“主要从事应用基础研究或为社会提供公共服务，无法得到相应经济回报，确需政府支持的科研机构，仍作为事业单位，按非营利性机构运行和管理。”2007 年，《福建省人民政府办公厅转发〈省科技体制改革协调小组关于推进科研机构体制改革工作意见〉的通知》（闽政办〔2007〕27 号）提出：“2007 年底以前，省属公益类科研机构要明确改革定位与发展方向，初步建立起现代科研院所制度。”2001—2008 年，省属公益类科研院所约 80% 收入来源于政府的科研项目和专项经费，社会性收入①占总收入的 10%～14%，70% 的科研院所社会性收入低于 50 万元，除个别科研院所外，大多数省属公益类科研院所面向社会和市场的能力较弱[6]。此次改革仍维持 1987 年的分类标准，2007 年，40 家社会公益事业、技术基础、农业科学研究类型的科研院所全部划归为省属公益类科研院所，按照非营利性机构运行和管理（表 1-2）。随后，《福建省科学技术厅等部门联合印发〈关于加大对公益类科研机构稳

① 社会性收入是指技术开发、转让、咨询与服务等技术性收入和生产经营性收入的合计。

定支持的若干意见〉的通知》（闽科政〔2008〕39 号）等一系列支持政策出台，推进改革并加大稳定支持力度，推动省属公益类科研院所稳定服务于区域发展、持续增强创新能力以及为集聚和培养高水平研究队伍提供保障。

表 1–2　福建省属公益类科研院所

序号	科研院所	成立年份	序号	科研院所	成立年份
1	福建海洋研究所	1979	21	福建省农业科学院农业质量标准与检测技术研究所	1984
2	福建省安全生产科学研究院	1984	22	福建省农业科学院生物技术研究所	1989
3	福建省标准化研究院	1979	23	福建省农业科学院食用菌研究所	2009
4	福建省测试技术研究所	1979	24	福建省农业科学院水稻研究所	1975
5	福建省淡水水产研究所	1984	25	福建省农业科学院土壤肥料研究所	1978
6	福建省环境科学研究院	1978	26	福建省农业科学院亚热带农业研究所	1958
7	福建省计划生育科学技术研究所	1986	27	福建省农业科学院植物保护研究所	1978
8	福建省计量科学研究院	1960	28	福建省农业科学院作物研究所	1978
9	福建省计算中心	1992	29	福建省农业区划研究所	1980
10	福建省科学技术信息研究所	1960	30	福建省热带作物科学研究所	1961
11	福建省林业科学研究院	1958	31	福建省亚热带植物研究所	1959
12	福建省闽东水产研究所	1981	32	福建省水产研究所	1959
13	福建省农业机械化研究所	1953	33	福建省水利水电科学研究院	1959
14	福建省农业科学院茶叶研究所	1961	34	福建省体育科学研究所	1984
15	福建省农业科学院畜牧兽医研究所	1960	35	福建省微生物研究所	1955
16	福建省农业科学院果树研究所	1960	36	福建省武夷山生物研究所	1979
17	福建省农业科学院农业工程技术研究所	1980	37	福建省医学科学研究院	1980
18	福建省农业科学院农业经济与科技信息研究所	1979	38	福建省中医药研究院	1957
19	福建省农业科学院农业生态研究所	1983	39	福建师范大学地理研究所	1958
20	福建省农业科学院农业生物资源研究所	2008	40	厦门大学抗癌研究中心	1984

2008年之后，40家省属公益类科研院所根据发展需要相应调整部分科研业务范围和研究方向，经历撤并、退出、新建或更名，整体上增强了科研院所科技创新和公益服务能力，促进区域经济社会的发展。截至2020年，福建省共有36家省属公益类科研院所。

撤并的科研院所：2009年，福建省计算中心撤销并入福建省知识产权局和福建省科学技术信息研究所。2017年，福建省农业区划研究所撤销并入福建省农村工作研究中心。2020年，福建省计划生育科学技术研究所撤销并入福建省妇幼保健院。

退出的科研院所：2011年，福建省亚热带植物研究所由福建省科技厅主管划归厦门市政府主管，不再纳入省属公益类科研院所管理序列。

更名的科研院所：2016年，福建省农业科学院中心实验室更名为福建省农业科学院农业质量标准与检测技术研究所。2016年福建省农业科学院甘蔗研究所更名为福建省农业科学院亚热带农业研究所。福建省安全生产科学研究院、福建省标准化研究院、福建省计量科学研究院和福建省医学科学研究院分别于2010年由研究所升格为研究院。

新建的科研院所：福建省农业科学院在原有编制数基础上，整合福建省相关学科和科技资源，于2008年成立福建省农业科学院农业生物资源研究所，2009年成立福建省农业科学院食用菌研究所。

第二节 发展布局

一、管理部门

36家省属公益类科研院所分属于16家不同的上级主管部门。主管部门组成多样化，7家是省政府组成部门，4家是省政府直属机构，3家是省（部）属高等院校，1家为省属厅级事业单位，1家为设区市政府组成部门（表1-3）。共分布在5个设区市，其中福州市29家，厦门市3家，漳州市2家，宁德市1家，南平市1家。

表1-3 福建省属公益类科研院所主管部门

序号	主管部门	数量（家）	科研院所
1	福建省农业科学院	15	茶叶研究所、畜牧兽医研究所、果树研究所、农业工程技术研究所、农业经济与科技信息研究所、农业生态研究所、农业生物资源研究所、农业质量标准与检测技术研究所、生物技术研究所、食用菌研究所、水稻研究所、土壤肥料研究所、亚热带农业研究所、植物保护研究所、作物研究所

（续表）

序号	主管部门	数量（家）	科研院所
2	福建省科学技术厅	5	福建海洋研究所、福建省测试技术研究所、福建省科学技术信息研究所、福建省微生物研究所、福建省武夷山生物研究所
3	福建省海洋与渔业局	2	福建省淡水水产研究所、福建省水产研究所
4	福建省市场监督管理局	2	福建省标准化研究院、福建省计量科学研究院
5	福建省卫生健康委员会	1	福建省医学科学研究院
6	福建省工业和信息化厅	1	福建省农业机械化研究所
7	福建省农业农村厅	1	福建省热带作物科学研究所
8	福建省生态环境厅	1	福建省环境科学研究院
9	福建省水利厅	1	福建省水利水电科学研究院
10	福建省应急管理厅	1	福建省安全生产科学研究院
11	福建省林业局	1	福建省林业科学研究院
12	福建省体育局	1	福建省体育科学研究所
13	厦门大学	1	抗癌研究中心
14	福建师范大学	1	地理研究所
15	福建中医药大学	1	福建省中医药研究院
16	宁德市海洋与渔业局	1	福建省闽东水产研究所

二、学科领域

科研和技术服务涉及农业、林业、生物、海洋、水产、医学、体育、劳保、计生、标准、测试、计量、信息、环保、水利水电、农机等18类学科领域①。其中农学领域最多，共13家，占36.11%（表1-4）。

① 学科领域分类依据国家标准《学科分类与代码》（GB/T 13745—2009），下同。

表 1-4　福建省属公益类科研院所学科领域分布

序号	学科领域（代码）	数量（家）	序号	学科领域（代码）	数量（家）
1	农学（210）	13	10	药学（350）	1
2	水产学（240）	3	11	中医学与中药学（360）	1
3	地理科学（170）	2	12	机械工程（460）	1
4	基础医学（310）	2	13	水利工程（570）	1
5	生物学（180）	2	14	环境科学技术及资源科学技术（610）	1
6	工程与技术科学基础学科（410）	2	15	安全科学技术（620）	1
7	化学（150）	1	16	经济学（790）	1
8	林学（220）	1	17	图书馆、情报与文献学（870）	1
9	畜牧兽医学（230）	1	18	体育科学（890）	1

三、从事行业

从事的国民经济行业①均属于科学研究和试验发展行业，其中农业科学研究和试验发展最多，共 19 家，占 52.78%。工程与技术研究和试验发展 7 家，医学研究和试验发展 4 家，自然科学研究和试验发展 3 家，社会人文科学研究 3 家（图 1-1）。

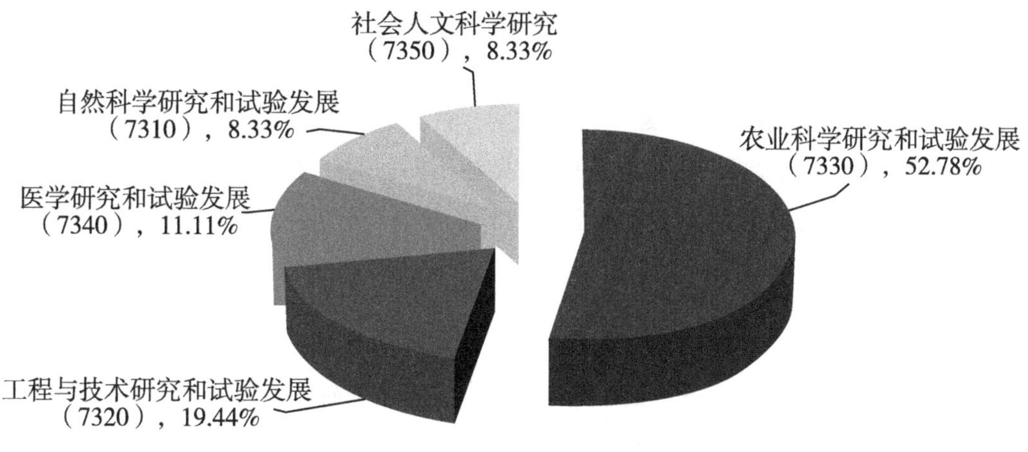

图 1-1　福建省属公益类科研院所从事国民经济行业

① 国民经济行业分类依据国家标准《国民经济行业分类》（GB/T 4754—2017），下同。

四、院所规模

截至 2020 年，共有从业人员 2 734 人，有 1 家科研院所从业人员达到 335 人，位居第一位，100～199 人的有 7 家，50～99 人的有 18 家，49 人以下的有 10 家，绝大多数科研院所从业人员规模处于中小水平（表 1-5）。截至 2020 年，共有科研仪器设备价值 89 322.50 万元，人均科研仪器设备价值 37.40 万元/人。

表 1-5　福建省属公益类科研院所从业人员规模

序号	人数	数量（家）	总人数（人）	序号	人数	数量（家）	总人数（人）
1	200 人以上	1	335	3	50～99 人	18	1 251
2	100～199 人	7	821	4	49 人以下	10	327

第三节　发展特点

一、多部门分散管理

36 家省属公益类科研院所中，除了接受福建省科学技术厅的业务指导外，还分属于 16 家不同的上级主管部门，除 15 家研究所统一隶属于福建省农业科学院主管外，平均每个部门主管 1.4 家科研院所，属于多部门多重管理机制。如福建省中医药研究院，行政人事关系归福建中医药大学，科研经费归福建省科学技术厅，业务指导归福建省卫生健康委员会。与福建省做法不同，为了更好地理顺科研院所管理体制，优化科技资源配置，目前全国有 15 个省（自治区、直辖市）成立科学院（科学技术研究院或科学技术院），统一协调管理公益类自然科学研究科研机构（表 1-6）。

表 1-6　全国综合型自然科学研究科研机构

序号	科研院所	成立年份	序号	科研院所	成立年份
1	北京市科学技术研究院	1984	3	上海科学院	1977
2	重庆市科学技术研究院	2008	4	贵州科学院	1978

（续表）

序号	科研院所	成立年份	序号	科研院所	成立年份
5	广西科学院	1980	11	河南省科学院	1979
6	黑龙江省科学院	1978	12	江西省科学院	1979
7	河北省科学院	1978	13	广东省科学院	1978
8	山东省科学院	1979	14	海南省科学院	2014
9	陕西省科学院	1978	15	云南省科学技术院	2014
10	甘肃省科学院	1978			

注：资料来源于各科研院所的官方网站。

二、经费归口多渠道

科研事业费预算拨款几经调整。按照规定，1987 年后省属科研院所的科研事业费预算拨款归口由原来对应的业务部门统一划归到福建省科学技术委员会，对福建省社会公益事业、技术基础、农业科学研究类型的 40 家省属公益类科研院所实行事业费包干管理。1998 年福建省农业科学院调整为一级预算单位，其下属 15 家研究所科研事业费预算拨款归口调整为福建省农业科学院。2011 年后，除福建省科技厅下属的 5 家研究所，以及福建省闽东水产研究所、厦门大学抗癌研究中心外，其余科研院所的科研事业费预算拨款均划归各自主管部门，实现了大部分科研院所在人、财、物上的相对统一管理。

三、规模领域多样化

科研院所之间规模差异较大且多数规模偏小。2020 年，共有从业人员 2 734 人，平均每家科研院所从业人员为 75. 94 人，最多的科研院所达 335 人，最少仅 10 人。人均科研仪器设备 37. 40 万元/人，最多的科研院所达 109. 57 万元，最少为 2. 84 万元，相差 38. 58 倍。池敏青[7]等对 22 家福建省属公益类农业科研院所“十二五”科技资源配置效率测算中发现：“制约部分科研院所成长的主要问题在于其整体规模偏小，尚未达到适度规模状态”。科研院所科研和技术服务涉及农业、林业、生物、海洋、医学、劳保、标准、测试、环保等众多领域，多数科研院所承担着多样化的研究工作且处于创新链不同环节，包括应用基础研究、技术开发应用和公益咨询服务等，无法将其单一地划归为某一类。

四、发展历程差异大

随着科技体制改革的推进和区域产业结构的调整，福建省不断推进省属公益类科研院所建设。2008 年至今，共有 4 家科研院所撤并或退出省属公益类科研院所序列。现有 36 家科研院所中，时间最长的是 1953 年成立的福建省农业机械化研究所，时间最短的是 2009 年成立的福建省农业科学院食用菌研究所。其中有 13 家科研院所从成立起就没有变更名称，研究领域和研究重点基本保持稳定，占 36.11%。有 13 家科研院所由于隶属单位变更、研究机构扩建和研究机构升格等原因变更名称，但研究领域基本未变，占 36.11%。有 10 家科研院所为了更好地适应市场经济和满足社会经济发展需要，对研究方向与研究重点进行了较大幅度调整，并相应变更了机构名称，占 27.78%[4]。

第四节 主要成就

一、服务区域经济建设主战场

省属公益类科研院所始终将促进区域产业转型升级和经济发展方式转变作为科技创新的价值追求，在农业科技、新药研制、生态保护、海洋技术等方面取得一批重大科技成果，取得显著的经济社会效益。如福建省农业科学院，1986 年以来以谢华安院士团队选育的“汕优 63”累计推广 10 亿多亩（15 亩 = 1 公顷，全同书），增产稻谷 0.7 亿吨，增收近 700 亿元，连续 15 年成为中国种植面积最大的水稻良种，是国内推广面积最广、推广时间最长，增产效果最显著的杂交水稻良种，为中国特别是福建的粮食安全做出了重大贡献。刘德盛研究员团队研制的复方 TA 乳粉已在全国海带、紫菜、裙带菜的养殖上推广 23 万亩。张艳璇研究员团队完成的以螨治螨生物防治技术于 1998—2007 年在全国 32 个省（自治区、直辖市）的柑橘、棉花、板栗、茶、蔬菜、苹果等产区推广 4 007 万亩次，田间应用天敌费用仅为化学防治的 30%，作物产值提高 5%～15%，年减少农药使用量 40%～60%，培训农民 8.43 万人次，与中央电视台合作拍摄科教片 6 部，引领我国生物防治产业的快速发展。

二、支撑区域应急和安全管理

省属公益类科研院所是区域公共安全和重大紧急问题的重要承担机构，是公共安全技术的主要提供者。20世纪60年代，福建省微生物研究所王岳教授团队在国内首次研制成功了新抗生素庆大霉素，打破了西方国家对我国医药的封锁。福建省农业科学院畜牧兽医研究所研制的“番鸭呼肠孤病毒病活疫苗（CA株）”和“番鸭细小病毒病、小鹅瘟二联活疫苗（P1株+D株）”获国家一类新兽药注册证书，填补了国内外空白。福建省计量科学研究院建立了覆盖贸易结算、安全防护、医疗卫生、环境监测、行政执法等领域及服务战略性新兴产业的省级社会公用计量标准332项，已通过国家实验室认可的校准能力606项，检测能力119项，法定计量授权检定项目516项，校准项目603项，取得6个国家型式评价实验室，为福建省技术自主创新及产业转型升级提供优质的计量检测服务。

三、面向区域重大战略性任务

省属公益类科研院所坚持面向区域重大需求，通过组织先导专项和集中力量办大事优势，在若干涉及区域安全、基础调查、人民利益的关键领域提供了有力的科技支撑。福建海洋研究所“延平2号”海洋科学考察船是全国唯一的省级地方管理的海洋综合调查船，能乘载海洋科考人员32人在中国沿海全海域进行各种海洋科学调查活动，已成为国内台湾海峡和南海海洋调查与科研的重要平台。福建省武夷山生物研究所于1979—1990年组织省内外40多家大专院校和科研单位，近1 000人进行科学考察，共采集各类生物标本110多万份，发现生物1个新科，2个新属和365个新种，1 000多个国内、省内新记录的种，为福建省武夷山国家级自然保护区的建立和保护提供科学依据。

四、促进科学技术前沿的发展

省属公益类科研院所发挥多学科交叉和大科学装置集聚的综合优势，加速推动区域重大原始创新能力和水平。截至2020年，拥有8.93亿元的科学仪器设备，建有水稻国家工程实验室、海洋生物种业技术国家地方联合工程研究中心等7个国家科技创新平台和66个省级科技创新平台，在全省科技创新中占举足轻重的位置。2011—2020年，共获福建省科学技术重大贡献奖2人，获科学技术一等奖17项，占全省11.81%；科学技术二等奖69项，占全省12.71%；科学技术三等奖83项，占全省8.03%。福建省农业科学院生物技术研究所在低甲烷高淀粉水稻SUSIBA2取得重大创新并在国际顶尖学术刊物《自然》上发表，专家预测若选育出低甲烷高淀粉水稻新品种，按减排50%推算，预计每年将使全球稻田甲烷减排5 000多万吨，中国和福建稻田分别为1 000万吨和30万吨，将为全球温室气体减排作出重大贡献。

第五节　存在问题

一、支撑引领行业创新发展有待增强

省属公益类科研院所仍缺乏有效的内生发展动力，分类改革后科研院所开始成为利益主体，科研活动经济效益导向与社会公益目标之间的矛盾越来越凸现。有的科研院所偏重短平快的开发项目，轻视基础性、长远性、全局性的基础研究，以致重大创新成果产出少，科技储备有限，整体竞争力下降。2011—2020 年，36 家科研院所获省自然科学奖、技术发明奖仅 4 项。有的科研院所"短板效应"现象突出，弱院所小院所占比大，没有足够资源和能力支撑引领行业的创新发展。2020 年底，从业人员少于 49 人的有 10 家科研院所，有 8 家没有博士毕业人员，有 1 家没有高级职称人员；新增科技课题最少的仅 8 项，发表科技论文最少仅 6 篇，有 7 家没有授权专利产出，有 2 家没有科技成果转化。有的科研院所自计划经济时代形成的科研布局和研究方向难以支撑当前区域产业发展对新兴学科和交叉学科等前沿技术需求。

二、面向市场科技成果开发能力较弱

大部分省属公益类科研院所科技成果转化一直处于低迷状态。2011—2020 年，71. 73%科技成果转化合同金额集中在 8 家科研院所，人均合同金额低于 5 万元的有 7 家，单项转化合同金额低于 1 万元的有 4 家，技术开发、咨询、服务合同金额占 76. 13%，绝大多数为咨询和服务收入，而技术作价投资为 0。一是受公益服务领域的制约，科研院所难以从市场获得充分体现成果价值的收益，整体创收能力不高。二是研发成果市场价值低，有的科研成果与市场需求脱节，有的技术成果产业化程度不高。三是科技成果转化激励政策没有落实到位，并受到"财政收支两条线"和"绩效工资"管理方式等制约，多数科技人员不能从现有的技术性收入中直接受益。多数科研院所仅承认部分技术开发和转让所获得的收入，对于技术咨询和技术服务等转化还不予支持。

三、多元化的科技投入体系还未健全

省属公益类科研院所发展仍以政府资金投入为主。2011—2020 年，科技活动投

入中政府资金是非政府资金的 6.22 倍，分别占 86.16%和 13.84%，与企业合作的科技课题仅占 10.32%，科研院所在与市场接轨、企业合作、技术转化等获取的非政府资金还很有限。科技活动收入中财政拨款、承担政府科研项目收入、技术性收入 3 大组成部分占比约 60∶24∶13，年均增长分别为 7.75%、11.64%、0.83%，作为科技成果转化重要来源的技术性收入增长非常有限，科研院所发展仍以政府资金投入为主。政府科技投入的引导作用还未能发挥，企业以配套投入为主，社会资金更是很少进入，多层次科技投融体系还未健全。

四、人才引进培养机制存在较多障碍

省属公益类科研院所虽几经改革，但仍存在明显的人才培养机制创新障碍。一是引进、培养和使用人才机制不活。受制于职数、待遇等因素，高层次人才难以引进。青年科研人员因受岗位职数限制，晋升空间有限，工资待遇不高，人才流失问题显现。二是职称评聘存在双轨制，挫伤了科技人员的积极性。在职称改革中，由于只下放自然科学研究、农业技术、实验技术人员系列职称评审权限给省属科研院所，仍有工程、编辑、会计等部分职称系列评审保留在原主管部门，同一单位不同技术岗位在职称评审上存在不对等、不平衡的问题，给省属科研院所执行评聘合一的政策带来了很大困难。部分科研院所执行“优秀人员低职高聘”政策，省委巡视检查时不予认可。

五、科研院所间科技创新能力差距大

省属公益类科研院所在科技资源投入和产出方面差距较大。一是科技资源投入方面，截至 2020 年，平均每家科研院所科技活动人员 66.33 人，最多达 240 人，最少仅 6 人，相差 40 倍。2011—2020 年，平均每家科研院所科技活动收入 24 267.21 万元，最多达 130 300.00 万元，最少仅 2 272.50 万元，相差 57.34 倍；人均科技活动收入最多达 840.98 万元/人，最少仅 170.81 万元/人，相差 4.92 倍。二是科技活动方面，十年间平均每家科研院所新增科技课题 223.75 项，其中科研院所新增科技课题最多达 700 项，最少仅 8 项，相差 87.5 倍。三是科研产出方面，2011—2020 年，科研院所发表科技论文最多达 858 篇，最少仅 6 篇，差距 143 倍。授权专利总数最多达 419 件，人均授权专利最多有 4.62 件/人，除了 7 家为 0 外，最低仅 0.01 件/人。可见不同行业科研院所对区域相应技术和产业的支撑力度差距大。

六、科技政策协同创新发展还需加强

省属公益类科研院所分属于16家不同的上级主管部门，多头管理和条块分割式的组织结构阻碍了相关科技政策的贯彻落实，难以形成合力，对科研院所的深化改革和创新发展极其不利。有的主管部门仍把省属科研院所完全按照一般事业单位管理，与下属其他事业单位同等对待，忽略了科研院所的发展特性和科研自主权，致使当前国家和省里支持科研院所创新发展政策得不到全面落实。有的主管部门不善于从宏观上理解把握政策导向，对于执行省里出台支持科研院所创新发展措施，不仅没有主动创造条件贯彻实施，在细节上卡得过严过细，甚至等待观望、推诿扯皮。有的科研院所自身主动学习、运用政策不够，未能根据实际情况制定具体操作规则和相关制度，让好的政策流于形式。有的科研院所负责人面对科技成果处置、使用和收益权下放，担当意识不够，不敢决策、消极作为，导致激励政策成了一纸空文。

第六节　对策建议

一、深化公益类科研院所分类改革

新发展阶段省属公益类科研院所改革已经进入攻坚克难的关键时期，唯有强有力的顶层设计，才能开辟改革新局面。要始终将科研院所的“顶层设计”和“基层探索”二者有机结合。顶层设计就是要指方向、划底线，方向搞清楚了、底线划清楚了，具体哪种体制机制更符合实际，更有利于公益类科研院所的创新驱动发展，要根据不同地区不同行业科研院所的实际情况而定。要加强对科研院所机构布局和职能定位的宏观管理和统筹协调，确立顺应时代需求的职责使命，制定服务职责使命的目标任务，构建目标导向的绩效评估体系。根据发展需要，重新整合现有的学科设置和科技资源，对部分设置重复、规模较小、竞争力弱的科研院所进行合并重组，通过提升集中度来提高规模效率。

二、建立多元化的经费投融资模式

科技经费投入是科技资源配置的主要方面之一，直接影响到科技创新活动的有效开展。要继续加大对省属公益类科研院所财政经费的稳定支持力度基础上，以技

术扩散形式加强与企业合作，引导产学研科技投入和自主科技投入。通过用户导向、公开招标、多元投入和共同投入等手段引导公私合作创新资金投入，逐步形成以企业先投入、政府配套投入、大量社会资金进入等良性循环模式。配套采取预算、财税、金融、法规等方面的政策措施，支持政产学研金各司其职、各尽其责，清除各部门、各主体合作障碍，取长补短，集中优势，协同创新，高效配置科技经费。

三、优化科技人力资源的高效配置

科技创新活动是一个智力创造的过程，其中人是主要载体，是科技资源配置的关键环节。一是提高人才待遇。建议省财政调整人才经费管理制度，针对省属公益类科研院所实际，专项支持科研院所引进高层次人才。对学科带头人、优秀博士、博士后等研究人员试行年薪制或协议工资制，给予配套科研经费支持，在科研项目申报、对外合作交流、人才称号推荐等方面优先支持，持续增强对高层次人才的吸引力。二是推进职称改革。针对现有评聘合一弊端，试行职称聘评分开改革，调整高中初级职数比例，推进中级和初级职数的统筹使用，给科技人员更多职称晋升机会，利于科技人员对外争取项目，参与合作，调动积极性。

四、促进科技创新政策协调性发展

重视科技创新政策在公益类科研院所改革发展中举足轻重的作用。一是促进政策的融会贯通。综合协调从中央到地方各部门的人才引进、职称评聘、绩效工资、离岗创业、成果转化、对外交流等多方面政策的协同效应，实现 1+1＞2 的效果。二是提高政策的可操作系。加强政策所涉及政府职能部门间沟通，落实责任分工，理顺执行环节，必要时制订相应实施细则或配套措施。加强与审计、监察部门的沟通协调，取得对科研院所创新发展政策的理解、认可和支持，最大限度地发挥政策激励效应。三是加强政策的评估宣传。建立政策执行沟通协调和评估调整的长效机制，通过多方渠道加强政策的宣传辅导。

参考文献

[1] 廖添土，戴填方. 建国60年来我国科技体制改革的历史演变与启示［J］. 江西农业学报，2009，21（9）：190-192.

[2] 陈安，崔晶，刘国佳，等. 中国科技体制及运行机制的特色与成效［J］. 科技导报，2019，37（18）：53-59.

[3] 温珂，蔡长塔，潘韬，等. 国立科研机构的建制化演进及发展趋势［J］. 中国科学院院刊，2019，34（1）：71-78.

[4] 丁中文，池敏青，刘宇峰. 福建省属公益类科研机构建设机制研究［M］. 北京：中国农业科学技术出版社，2020：19.

[5] 李阳成，陈志强，朱永得. 福建省属科研机构发展现状及其问题分析［J］. 海峡科学，2007，2（2）：3-7.

[6] 丛林. 福建省公益类科研机构的发展思路与对策［J］. 海峡科学，2010，40（4）：3-6.

[7] 池敏青，许正春，刘健宏，等. 福建省属公益类农业科研院所科技资源配置效率研究［J］. 福建农业学报，2016，31（12）：1368-1373.

第二章

福建省属公益类科研院所主要创新指标态势

科技指标反映了科技活动及其与经济社会相互影响的客观规律，为探索科技活动的内在规律提供了客观依据和有效方法。本章基于科技统计数据，分析36家福建省属公益类科研院所2011—2020年科技创新投入、科技创新活动、科技创新产出以及对经济社会影响等科技创新指标发展趋势，通过纵横向对比，客观反映科研院所科技创新的主要特征和变化规律，为分析科研院所科技创新能力和科技创新效率提供翔实数据和参考依据。

第一节　相关背景

科技指标是对科技活动及其与经济社会发展相互影响客观规律的认识。在必要的统计资料基础上，建立关于科技活动测度的指标体系并不断监测指标动态，从中获得用其他方式不可能得到的定量信息，用以描述科技活动的历史、现状及其发展趋势[1]。既能反映科技活动的发展规律和内在机制，也是评价科技政策和做出科技决策的重要依据。科技指标构成历来受到国内外政府部门、学术组织和学者们的广泛关注。随着科技创新与经济社会发展的深度融合，科技活动各环节之间以及科技与经济社会之间的关系更加错综复杂，科技指标的政策作用越来越凸显，科技指标体系的构成也随之发展变化。

科技指标研究起始于20世纪40年代的发达国家，以R&D统计为起点。美国是世界上最早开展科技指标研究和出版科技指标报告的国家。目前具有较大影响力的科技指标研究和统计的国家（或组织）有美国、经济合作与发展组织（OECD）、联合国教科文组织（UNESCO）、欧盟等。其中经济合作与发展组织（OECD）自1964年以来研究和制定的系列科技统计标准和规范一直领导着科技统计的发展，为国际标准化和规范化奠定了基础，成为世界各国和各种组织共同遵循的科技统计手册（表2-1），如韩国、印度、巴西、中国等在遵循本国实际基础上，均采用OECD的标准规范，加强国际比较以实现完整全面的国情分析。联合国教科文组织（UNESCO）也以其为核心，分别在1978年和1979年提出《科技统计国际标准化建议案》和《科技活动统计手册》。随着经济社会的发展，科技指标体系构成由早期的“线性模型”向“链式模型”转变，即由单项、独立指标向系统、关联的指标体系发展。当前在深入完善现有科技指标的同时，国际上对科技指标的研究不断向许多新领域扩展，如知识经济测度、数字经济测度、科技活动国际化等[1,2]。

表 2-1　经济合作与发展组织（OECD）科技统计系列手册

序号	颁布时间	科技统计手册	特点	备注
1	1964 年	《研究与发展调查手册》，即《弗拉斯卡蒂手册》	反映 R&D 活动的统计调查和过程描述	测度科技投入及其影响。1992 年发布第 5 版
2	1990 年	《技术国际收支手册》，即《TBP 手册》	反映技术与技术转让的国际技术收支情况	测度科技活动输出及影响
3	1992 年	《技术创新统计手册》，即《奥斯陆手册》	反映技术创新情况及科技与经济结合过程的集中体现	测度科技活动输出及影响。1997 年发布第 2 版
4	1994 年	《专利科技指标手册》，即《专利手册》	反映专利的主要信息与其他指标分析有关发明与创新评价	测度科技活动产出
5	1994 年	《科技人力资源手册》，即《堪培拉手册》	反映科技人力资源统计手册，描述有关科技人力资源的政策演变过程	说明科技人力资源已成为科技统计研究中一项独立分支

注：资料根据吕力之《科技指标研究的回顾与展望》（2006）和冯瑄、徐永昌《从科技统计手册看科技指标研究的发展》（1996）等相关文献整理。

我国系统的科技指标研究和科技调查统计始于 20 世纪 80 年代中期，在制定科技政策强烈需要和国际科技指标发展驱动下，通过历次科技统计实践和经验总结，促进了科技指标从模仿、形成、完善到创新的发展过程。1985 年组织的“全国科技普查”，通过借鉴联合国教科文组织（UNESCO）和经济合作与发展组织（OECD）有关科技指标，初步形成了一套科技统计指标体系，建立了政府科研机构、普通高等学校和大中型工业企业 3 个相互独立的科技统计年报制度。1990 年实施的“全社会科技投入调查”，首次对我国科技投入范围和口径进行规范并与国际接轨，为建立全国统一的科技统计年报制度奠定了基础。1991 年国家统计局在部门科技统计基础上建立了科技综合年度制度，规范了各部门科技统计指标，建立了研究机构、大中型工业企业和高等学校 3 个主体的口径，实现了国内和国际的可比性[3]。

我国科技统计工作体系是按照科技活动的执行部门进行分工，其中科技主管部门负责独立研究与开发机构的统计，统计部门负责企业科技活动的统计，教育主管部门负责全日制高等学校科技活动的统计，国防科工委负责国防科技工业系统的统计，国家统计局负责进行全国数据的综合汇总[3]。随着科技政策的调整，我国科技指标也从最初关注科技投入指标向高新技术及产业化指标、科技对经济作用指标等方面探索（表 2-2）。现有统计中的科技指标能够从多个侧面反映科技活动状况和科技政策特征，包括科技人力资源、科技财力资源、科技活动情况、科技产出水平，以及科技对经济社会发展影响等指标[4]。

表 2–2 中国科技指标的发展背景和历程

序号	发展阶段	科技战略方针	科技统计重要举措	科技指标创新点
1	1985—1994 年	“经济建设必须依靠科学技术，科学技术工作必须面向经济建设”方针	实施首次“全国科技普查”、开展“全社会科技投入调查”、《中国科学技术指标》出版	一是提出描述科技资源、科技活动及其产出为主体的科技指标体系；二是确定科技活动分 R&D 活动、R&D 成果应用、科技服务
2	1995—1998 年	科教兴国战略	制定《学科分类和代码》（GB/T 13745—1992）国家标准、开展中国公众科学技术素养调查	一是建立一套反映计划的目标、环境和效果的统计指标体系；二是完善科技产出指标，如高技术产品进出口、专利、论文等
3	1999—2005 年			
4	2006—2011 年	建设创新型国家战略	《中国创新发展报告》出版、《国家创新指数报告》出版	一是构建创新发展指数和创新能力指数；二是侧重于对自主创新理论的探讨
5	2012 年至今	创新驱动发展战略		

因此，本章依据科技主管部门负责的独立研究与开发机构的统计，即《科技机构统计年报（STS 表）》，分析福建省属公益类科研院所主要创新指标发展态势，为科研院所宏观管理提供决策参考。另外，为了数据的丰富性，在国家统计数据标准内，还参考采用了科学技术部、财政部《研究开发机构和高等院校科技成果转化年度报告》和福建省科学技术厅《福建省属公益类科研院所采集表》等相关细化数据。

第二节 科技创新投入

一、人力资源

（一）科技活动人员

截至 2020 年，省属公益类科研院所共有科技活动人员 2 388 人，受科研机构固定人员编制数影响，十年来科技活动人员数量变化不大（图 2-1）。劳务派遣人员近年来逐渐成为科研院所从业人员的有益补充，但总体上增长比较有限，2018 年 180 人，2019 年 234 人，2020 年 256 人。

2011—2020 年，高级职称人员占比维持在 33.51%～39.74%，处于稳中有升的趋势。博士学位人员占比 6.63%～12.27%，处于逐年增长态势，年均增长达 6.95%，硕士以上高学历人员已成为科研院所人才引进的主要对象和趋势，但博士人才的引进速度还相对较慢（图 2-1）。当前高中初职称人员约 2.73：2.44：1，高素质人才队伍培养得到加强，但已呈倒金字塔型专业人才结构。博硕本科及其他毕业人员约 1：2.71：3.43：1，形成中间大两头小的人才学历结构。

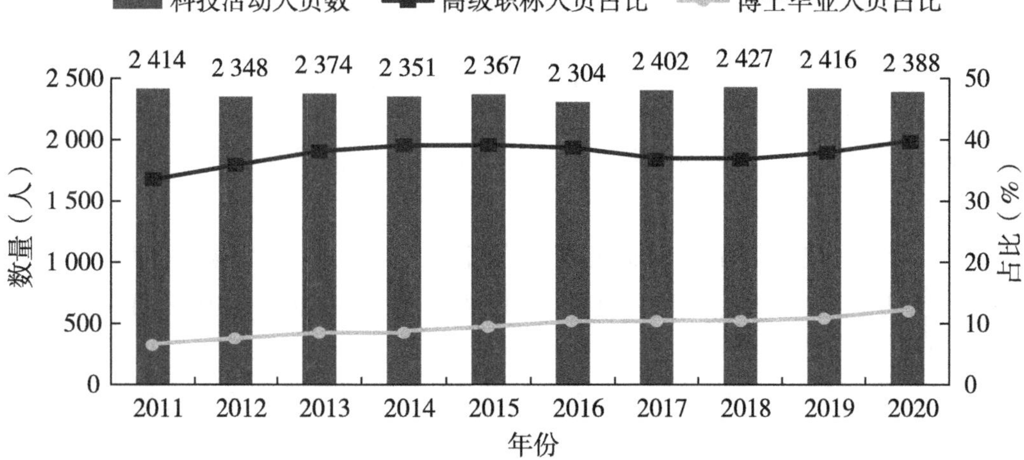

图 2-1　2011—2020 年科技活动人员

2020 年，平均每家科研院所科技活动人员 66.33 人，其中科技活动人员最多的科研院所达 240 人，最少仅 6 人，相差 40 倍。博士最多的科研院所有 27 人，占 90.00%，而有 8 家没有博士毕业人员。高级职称最多的科研院所有 69 人，占 86.67%，有 1 家没有高级职称人员。可见科研院所间科技活动人员数量和质量差距较大。

（二）R&D 人员

截至 2020 年，共有 R&D 人员 2 191 人，R&D 人员全时当量 1 912 人·年。2011—2020 年，年均增长分别为 3.39%和 3.85%，是科技创新人力资源投入的重要指标（图 2-2）。

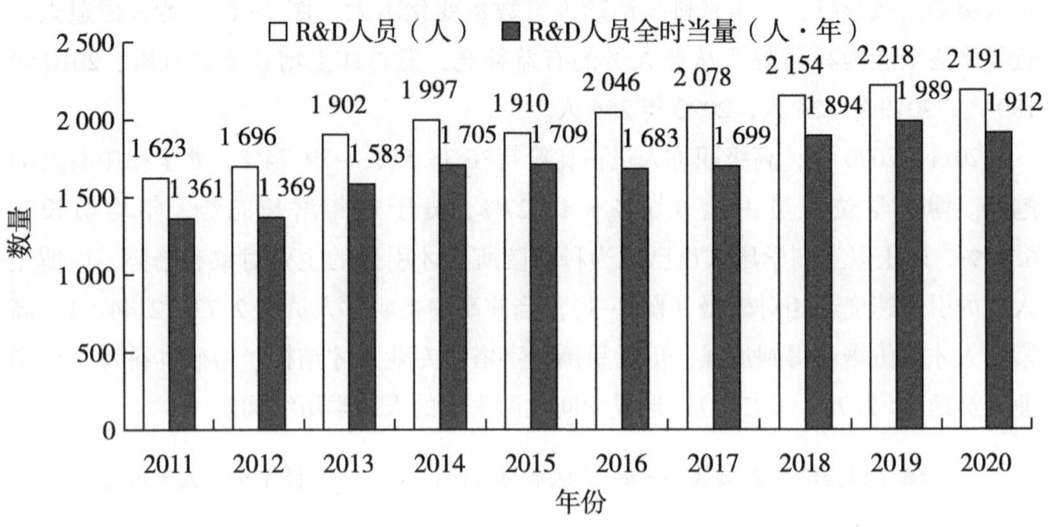

图 2-2　2011—2020 年 R&D 人员

2019 年①，36 家省属公益类科研院所 R&D 人员占福建省 R&D 人员的 0.85%，R&D 人员全时当量占 1.16%。

2019 年，福建省共有 97 家研究与开发机构，其中 36 家省属公益类科研院所 R&D 人员占福建省研究与开发机构 R&D 人员的 35.98%，R&D 人员全时当量占 36.40%。

2019 年，福建省共有 90 家高等学校，其中 36 家省属公益类科研院所 R&D 人员占福建省高等学校 R&D 人员的 5.47%，R&D 人员全时当量占 12.33%。

可见，省属公益类科研院所 R&D 人员投入虽然处于逐年增长趋势，但与全省情况对比，投入规模还很有限，特别是与高等学校的差距较明显。

二、财力资源

（一）科技活动经费

2011—2020 年，收入总额 992 399.13 万元，其中科技活动收入 873 619.53 万元，占 88.03%，年均增长为 7.49%。政府资金是非政府资金的 6.22 倍，分别占 86.16%和 13.84%，其中大多数非政府资金来源于服务企业的技术性收入（图 2-3）。

① 由于《中国科技统计年鉴》中没有该项 2020 年的数据，因此采用 2019 年的数据进行对比分析，下同。

科技活动收入中财政拨款、承担政府科研项目收入、技术性收入 3 大组成部分占比约 60∶24∶13，年均增长分别为 7.75%、11.64%、0.83%，作为科研院所科技成果转化重要来源的技术性收入增长非常有限。可见，科研院所科研成果与市场对接能力较弱，发展仍以政府资金投入为主，还未形成多元化的科技资金投入体系（图 2-3）。

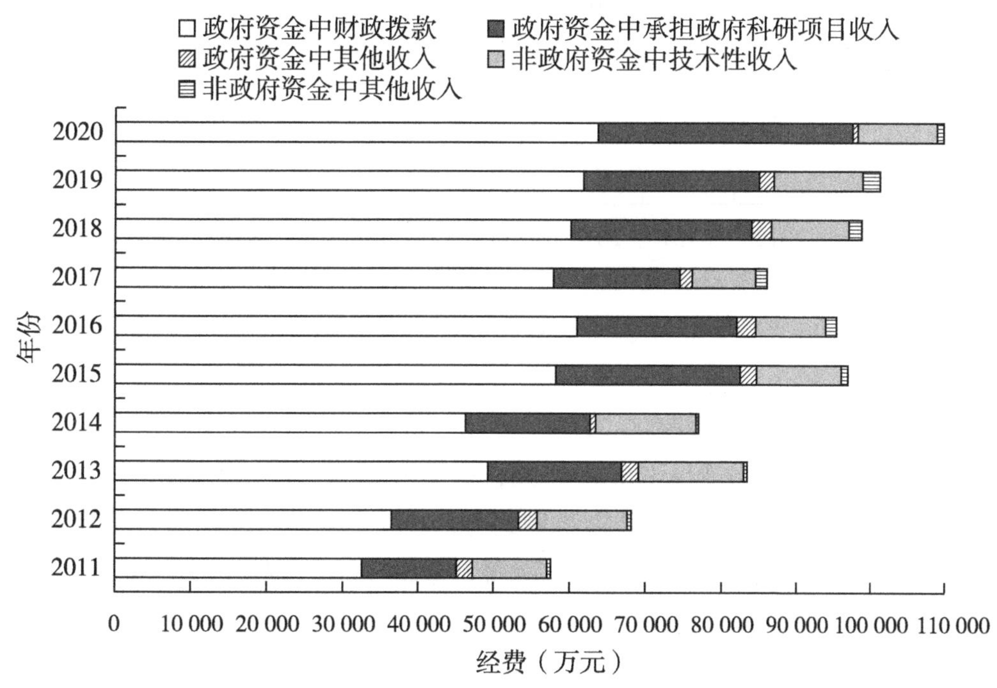

图 2-3　2011—2020 年科技活动经费

十年间，平均每家科研院所科技活动收入 24 267.21 万元，其中科技活动收入最多的科研院所达 130 300.00 万元，最少仅 2 272.50 万元，相差 57.34 倍。高于平均水平的有 11 家，11 家科研院所科技活动收入占总收入 59.02%，低于 10 000 万元的有 7 家。可见科研院所间科技活动收入差距较大。

（二）人均科技活动经费

2011—2020 年，人均科技活动收入呈现增长趋势，年均增长为 7.62%。其中人均财政拨款、人均承担政府科研项目收入、人均技术性收入年均增长分别为 7.88%、11.77%、0.95%。人均承担政府科研项目增速最快，可见近十年来政府对科技人员的科研经费投入较为重视。其次是人均财政拨款，而人均技术性收入增长最慢（图 2-4）。

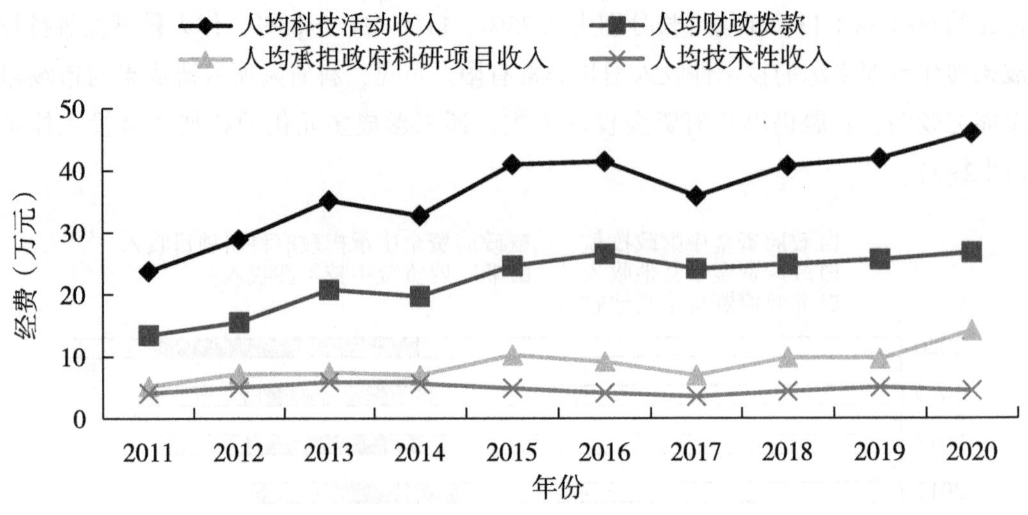

图 2-4　2011—2020 年人均科技活动经费

十年间，人均科技活动收入 367.21 万元，其中人均科技活动收入最多的科研院所达 840.98 万元，最少仅 170.81 万元，相差 4.92 倍。高于平均水平的有 8 家。科研院所均是按照事业单位的体制机制运行，在工资福利方面收入差距有限，可见，承担政府科研项目收入、技术性收入等是造成科研院所科技活动经费差距大的主要原因。

（三）R&D 经费

2011—2020 年，R&D 经费内部支出总额 522 789.50 万元，年均增长 14.17%，2018 年达到最高峰，为 97 839.00 万元。R&D 经费内部支出中，R&D 经常费支出占 82.59%，R&D 基本建设费占 17.41%。R&D 经常费支出中，基础研究、应用研究、试验发展占比分别为 14.06%、26.19%、59.74%，年均增长分别为 26.93%、11.11%、11.70%，可见，R&D 经常费支出中基础研究占比最少，但增长速度相对较快（图 2-5）。

2019 年，36 家省属公益类科研院所 R&D 经费内部支出占福建省 R&D 经费内部支出的 1.21%，其中基础研究占 2.66%、应用研究占 3.44%，试验发展占 0.52%（福建省研究与开发机构试验发展占 1.83%）。福建省试验发展投入大部分以企业为主（58.12%），相对企业而言，科研院所还是以创新链前端的基础研究和应用研究投入为主。

2019 年，福建省共有 97 家研究与开发机构，其中 36 家省属公益类科研院所

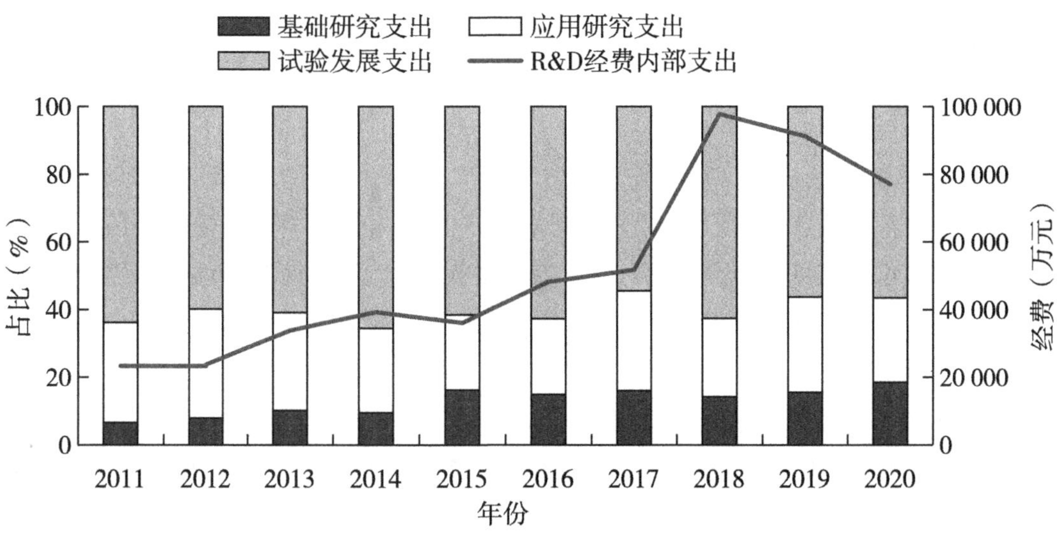

图 2-5　2011—2020 年 R&D 经费内部支出

R&D 经费内部支出占福建省研究与开发机构 R&D 经费内部支出的 26.78%，其中基础研究占 6.39%、应用研究占 25.52%，试验发展占 28.58%。与省属公益类科研院所占 37.11%机构相比，其 R&D 经费内部支出及各项组成占比较低，尤其是基础研究。福建省研究与开发机构的基础研究、应用研究、试验发展比例为 2.19∶1∶1.77，而省属公益类科研院所的基础研究、应用研究、试验发展比例为 1∶1.86∶4.25。

2019 年，福建省共有 90 家高等学校，其中 36 家省属公益类科研院所 R&D 经费内部支出占福建省高等学校 R&D 经费内部支出的 16.21%，其中基础研究占 4.85%、应用研究占 5.35%，试验发展占 94.02%。与高等学校相比，省属公益类科研院所 R&D 经费内部支出、基础研究、应用研究存在较大差距，而试验发展却占有绝对优势，这主要受科研院所和高等院校不同职责定位和实际作用的影响[5]。福建省高等学校的基础研究、应用研究、试验发展比例为 1∶1.65∶0.19，说明高等学校以基础研究和应用研究为主，在基础研究与高技术原始创新方面投入较高，但试验发展投入却很有限。

可见，省属公益类科研院所 R&D 经费内部支出与全省情况相比，仍处于较低水平，尤其是基础研究的投入还有较大的增长空间，但基础研究、应用研究和试验发展整个科学研究价值链经费投入相对比较均衡，具有一定的工程化和产业化能力。

三、条件平台

（一）科学仪器设备

截至2020年，科学仪器设备投入达89 322.50万元，年均增长10.62%。其中进口仪器投入15 371.40万元，年均增长3.67%（图2-6）。平均每家科研院所科学仪器设备投入为2 481.18万元，科研仪器设备投入最多的科研院所达26 296.90万元，最少仅113.60万元，相差231.49倍。高于平均水平的有10家，低于1 000万元的有11家。

截至2020年，人均科研仪器设备投入为37.40万元，年均增长率为10.75%（图2-6）。人均科研仪器设备投入最多的科研院所达109.57万元，最少仅2.84万元，相差38.58倍。高于平均水平的有9家，低于20万元的有12家。

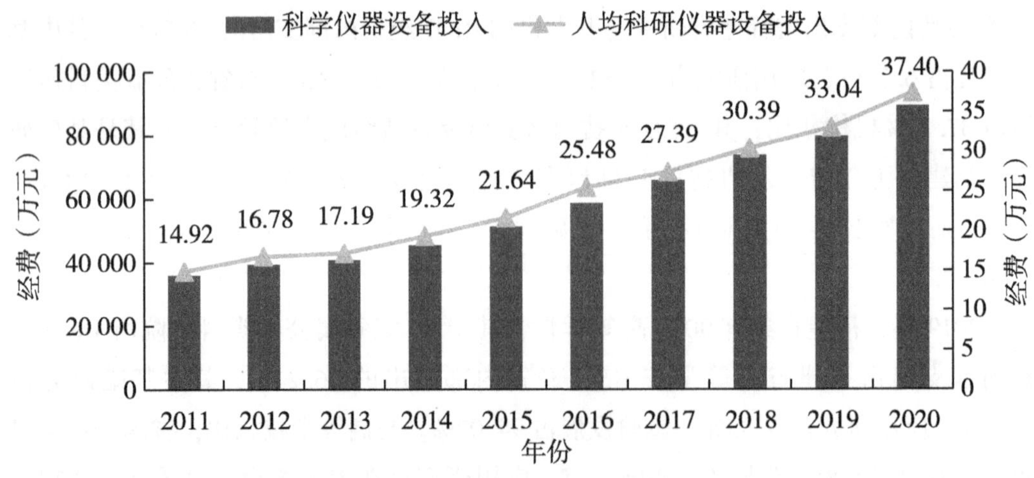

图2-6　2011—2020年科学仪器设备

（二）科技创新平台

截至2020年，共有22家科研院所承担了73个科技创新平台的建设任务。科学与工程研究类创新平台26个（其中国家级3个），技术创新与成果转化类创新平台30个（其中国家级4个），基础支撑与条件保障类创新平台17个（表2-3）。

表 2-3　科技创新平台

平台名称	依托单位	审批部门	审批年份
科学与工程研究类			
水稻国家工程实验室	福建省农业科学院水稻研究所	国家发展和改革委员会	2011
湿润亚热带山地生态重点实验室	福建师范大学地理研究所	科学技术部	2014
福建省作物种质创新与分子育种重点实验室	福建省农业科学院水稻研究所	科学技术部	2010
福建省作物分子育种工程实验室	福建省农业科学院水稻研究所	福建省发展和改革委员会	2008
福建省农产品质量安全重点实验室	福建省农业科学院农业质量标准与检测技术研究所	福建省科学技术厅	2019
福建省蔬菜遗传育种重点实验室	福建省农业科学院作物研究所	福建省科学技术厅	2019
福建省力值计量测试重点实验室	福建省计量科学研究院	福建省科学技术厅	2019
福建省禽病防治重点实验室	福建省农业科学院畜牧兽医研究所	福建省科学技术厅	2015
福建省作物有害生物监测与治理重点实验室	福建省农业科学院植物保护研究所	福建省科学技术厅	2015
福建省经络感传重点实验室	福建省中医药研究院	福建省科学技术厅	2015
福建省中医睡眠医学重点实验室	福建省中医药研究院	福建省科学技术厅	2015
福建省海岛与海岸带管理技术研究重点实验室	福建海洋研究所	福建省科学技术厅	2013
福建省农产品（食品）加工重点实验室	福建省农业科学院农业工程技术研究所	福建省科学技术厅	2013
福建省红壤山地农业生态过程重点实验室	福建省农业科学院农业生态研究所	福建省科学技术厅	2013
福建省海洋生物增养殖与高值化利用重点实验室	福建省水产研究所	福建省科学技术厅	2013
福建省能源计量重点实验室	福建省计量科学研究院	福建省科学技术厅	2010
福建省信息网络工程重点实验室	福建省科学技术信息研究所	福建省科学技术厅	2008

（续表）

平台名称	依托单位	审批部门	审批年份
福建省森林培育与林产品加工利用重点实验室	福建省林业科学研究院	福建省科学技术厅	2008
福建省医学测试重点实验室	福建省医学科学研究院	福建省科学技术厅	2008
福建省环境工程重点实验室	福建省环境科学研究院	福建省科学技术厅	2008
福建省农业遗传工程重点实验室	福建省农业科学院生物技术研究所	福建省科学技术厅	2004
国家新药（微生物）筛选实验室（福建）	福建省微生物研究所	福建省科学技术厅	2001
华南杂交水稻种质创新与分子育种重点实验室	福建省农业科学院水稻研究所	农业部（2018 年 3 月，更名为农业农村部，下同）	2011
南方山地用材林培育国家林业局重点实验室	福建省林业科学研究院	国家林业局（2018 年 3 月，更名为国家林业和草原局，下同）	1995
经络研究重点研究室	福建省中医药研究院	国家中医药管理局	2009
针灸生理实验室（三级）	福建省中医药研究院	国家中医药管理局	2009
技术创新与成果转化类			
海洋生物种业技术国家地方联合工程研究中心	福建省水产研究所	国家发展和改革委员会	2017
微生物新药研制技术国家地方联合工程研究中心	福建省微生物研究所	国家发展和改革委员会	2017
微生物菌剂开发与应用国家地方联合工程研究中心	福建省农业科学院农业生物资源研究所	国家发展和改革委员会	2016
特色食用菌繁育与栽培国家地方联合工程研究中心	福建省农业科学院食用菌研究所	国家发展和改革委员会	2013
国家农业生物安全科学中心华东分中心	福建省农业科学院植物保护研究所	国家农业生物安全科学中心	2020
福建省作物有害生物绿色防控工程研究中心	福建省农业科学院植物保护研究所	福建省发展和改革委员会	2020
福建省兽用疫苗工程研究中心	福建省农业科学院畜牧兽医研究所	福建省发展和改革委员会	2018
福建省红曲微生物技术开发应用工程研究中心	福建省微生物研究所	福建省发展和改革委员会	2017

（续表）

平台名称	依托单位	审批部门	审批年份
福建省食品生物发酵技术工程研究中心	福建省农业科学院农业工程技术研究所	福建省发展和改革委员会	2017
福建省落叶果树工程技术研究中心	福建省农业科学院果树研究所	福建省科学技术厅	2017
福建省农产品发酵加工工程技术研究中心	福建省农业科学院农业工程技术研究所	福建省科学技术厅	2017
福建省特色旱作物品种选育工程技术研究中心	福建省农业科学院作物研究所	福建省科学技术厅	2017
福建省木麻黄工程技术研究中心	福建省林业科学研究院	福建省科学技术厅	2016
福建省茶树育种工程技术研究中心	福建省农业科学院茶叶研究所	福建省科学技术厅	2015
福建省地力培育工程技术研究中心	福建省农业科学院土壤肥料研究所	福建省科学技术厅	2015
福建省陆地灾害监测评估工程技术研究中心	福建师范大学地理研究所	福建省科学技术厅	2013
福建省蔬菜工程技术研究中心	福建省农业科学院作物研究所	福建省科学技术厅	2012
福建省特色花卉工程技术研究中心	福建省农业科学院作物研究所	福建省科学技术厅	2012
福建省丘陵地区循环农业工程技术研究中心	福建省农业科学院农业生态研究所	福建省科学技术厅	2010
福建省农业生物药物工程技术研究中心	福建省农业科学院农业生物资源研究所	福建省科学技术厅	2010
福建省水产病害防治工程技术中心	福建省农业科学院生物技术研究所	福建省科学技术厅	2009
福建省食用菌工程技术研究中心	福建省农业科学院食用菌研究所	福建省科学技术厅	2009
福建省农作物害虫天敌资源工程技术研究中心	福建省农业科学院植物保护研究所	福建省科学技术厅	2008
福建省山地草业工程技术研究中心	福建省农业科学院农业生态研究所	福建省科学技术厅	2005
福建省农作物品种抗性工程技术研究中心	福建省农业科学院植物保护研究所	福建省科学技术厅	2005
福建省龙眼枇杷育种工程技术研究中心	福建省农业科学院果树研究所	福建省科学技术厅	2004

（续表）

平台名称	依托单位	审批部门	审批年份
福建省畜禽疫病防治工程技术研究中心	福建省农业科学院畜牧兽医研究所	福建省科学技术厅	2004
福建省杂交水稻育种工程技术研究中心	福建省农业科学院水稻研究所	福建省科学技术厅	2004
福建省水稻转基因育种工程技术研究中心	福建省农业科学院生物技术研究所	福建省科学技术厅	2002
杉木工程技术研究中心	福建省林业科学研究院	国家林业局	2013
基础支撑与条件保障类			
福建三明森林生态系统与全球变化国家野外科学观测研究站	福建师范大学地理研究所	科学技术部	2020
福建省科技文献资源共享服务平台	福建省科学技术信息研究所	福建省科学技术厅	2014
福建省海上环境调查监测技术公共服务平台	福建海洋研究所	福建省科学技术厅	2013
福建省农村科技信息资源共享与服务平台	福建省农业科学院	福建省科学技术厅	2013
福建省茶树种质资源共享平台	福建省农业科学院茶叶研究所	福建省科学技术厅	2013
福建中药种质资源保护利用与共享平台	福建省农业科学院农业生物资源研究所	福建省科学技术厅	2013
福建省武夷山生物多样性研究信息资源共享平台	福建省武夷山生物研究所	福建省科学技术厅	2013
闽侯农田生态系统福建省野外科学观测研究站	福建省农业科学院土壤肥料研究所	福建省科学技术厅	2018
国家土壤质量福安观测实验站	福建省农业科学院茶叶研究所	农业农村部	2019
福建茶树及乌龙茶加工科学观测实验站	福建省农业科学院茶叶研究所	农业部	2011
福州农业环境科学观测实验站	福建省农业科学院农业生态研究所	农业部	2011
东南区域农业微生物资源利用科学观测实验站	福建省农业科学院农业生物资源研究所	农业部	2011
福建耕地保育科学观测实验站	福建省农业科学院土壤肥料研究所	农业部	2011

（续表）

平台名称	依托单位	审批部门	审批年份
作物基因资源与种质创制福建科学观测实验站	福建省农业科学院水稻研究所	农业部	2011
南方薯类科学观测实验站	福建省农业科学院作物研究所	农业部	2011
福州热带作物科学观测实验站	福建省农业科学院农业生物资源研究所	农业部	2010
福州作物有害生物科学观测实验站	福建省农业科学院植物保护研究所	农业部	2010

第三节 科技创新活动

一、新增科技课题来源

2011—2020 年，新增科技课题 8 055 项，其中国家科技课题占 13.77%、地方科技课题占 51.00%、其他科技课题占 35.23%。总体上各种来源新增科技课题变化趋势不明显，2015 年新增课题最多，达 888 项；2020 年最少，为 694 项。2014 年新增国家科技课题最多，达 162 项；2015 年新增地方科技课题最多，达 477 项；2017 年新增其他科技课题最多，达 356 项（图 2-7）。

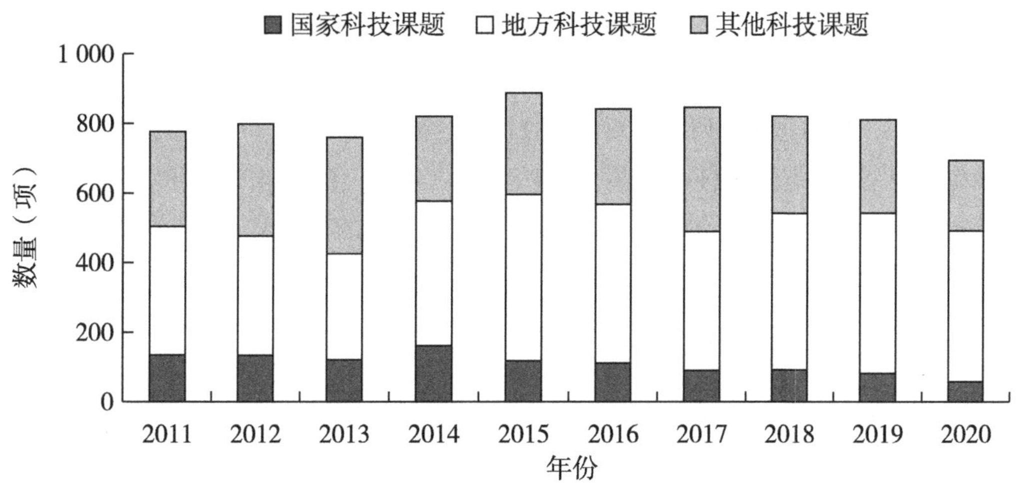

图 2-7 2011—2020 年不同来源新增科技课题

十年间，平均每家科研院所新增科技课题 223.75 项，其中新增科技课题最多的科研院所达 700 项，最少仅 8 项，相差 87.5 倍。高于平均水平的有 16 家，少于 100 项的有 9 家。可见科研院所间科技课题创新活动差距大。

2011—2020 年，新增科技课题合同金额 255 662.57 万元，其中国家科技课题合同金额占 31.86%、地方科技课题合同金额占 50.47%、其他科技课题合同金额占 17.66%。2017 年新增课题合同金额最多，达 37 128.69 万元；2020 年最少，为 17 358.20 万元。2011 年新增国家科技课题合同金额最多，达 13 730.50 万元；2017 年新增地方科技课题合同金额最多，达 20 958.15 万元；2017 年新增其他科技课题合同金额最多，达 7 373.83 万元（图 2-8）。

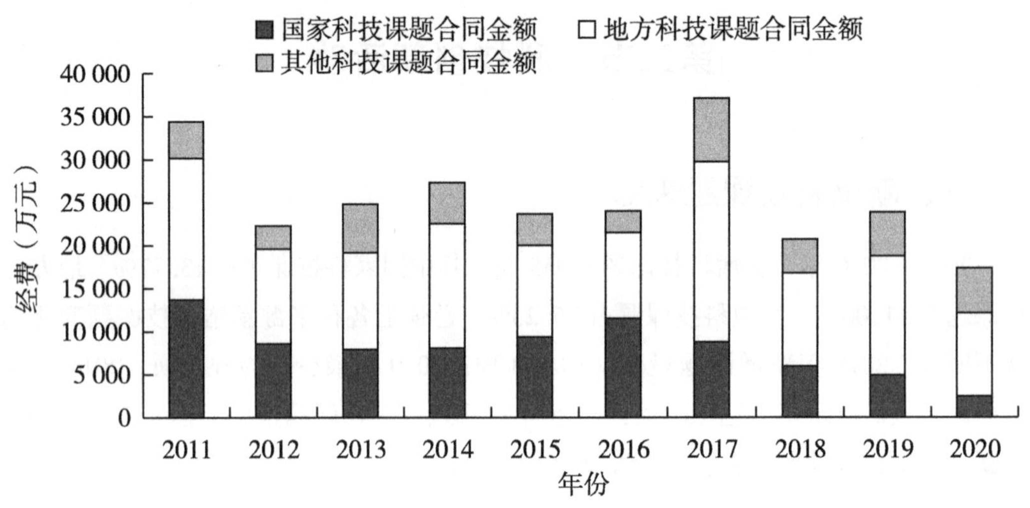

图 2-8　2011—2020 年不同来源新增科技课题合同金额

十年间，平均每家科研院所新增科技课题合同金额 7 101.74 万元，其中新增科技课题合同金额最多的科研院所达 24 806.10 万元，最少仅 217.40 万元，相差 114.10 倍。高于平均水平的有 14 家，少于 1 000 万元的有 5 家。可见科研院所间科技课题创新活动收入差距较大。

二、新增科技课题类型

2011—2019 年，新增科技课题中基础研究、应用研究、试验发展、研究与试验发展成果应用、技术推广与科技服务占比约 1.08∶1.77∶1.96∶1∶1.84，年均增长分别为 4.06%、8.29%、-2.73%、-7.57%、-10.51%（图 2-9）。

2011—2020 年，新增科技课题合同金额中基础研究合同金额占 11.98%、应用研究合同金额占 14. 99%、试验发展合同金额占 39. 09%、研究与试验发展成果应用合同金额占 19. 13%、技术推广与科技服务合同金额占 14. 82%。2011 年基础研究合同金额最多，达 4 725. 00 万元；2020 年应用研究合同金额最多，达 5 818. 60 万元；2017 年试验发展合同金额最多，达 19 438. 54 万元；2019 年研究与试验发展成果应用合同金额最多，达 9 261. 00 万元；2011 年技术推广与科技服务合同金额最多，达 6 802. 60 万元（图 2-10）。

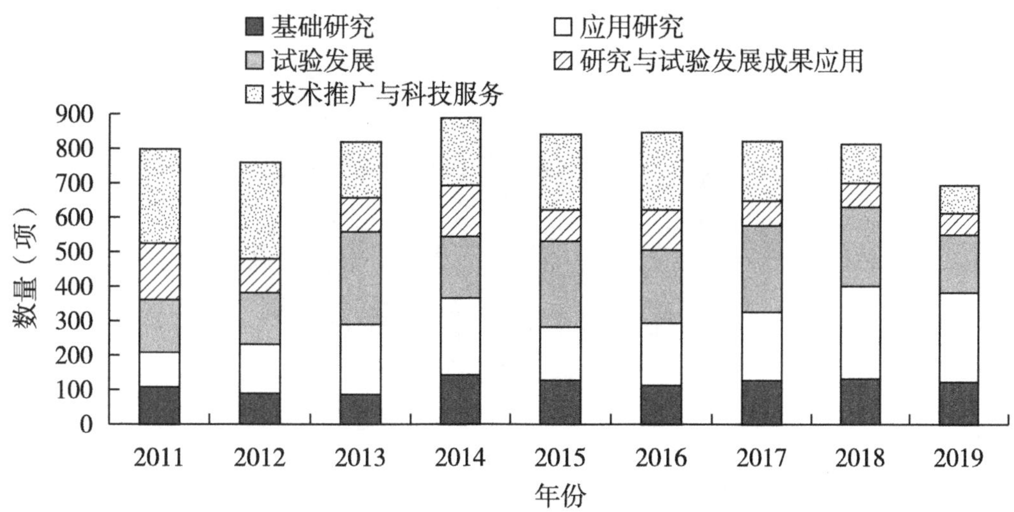

图 2-9 2011—2019 年不同类型新增科技课题

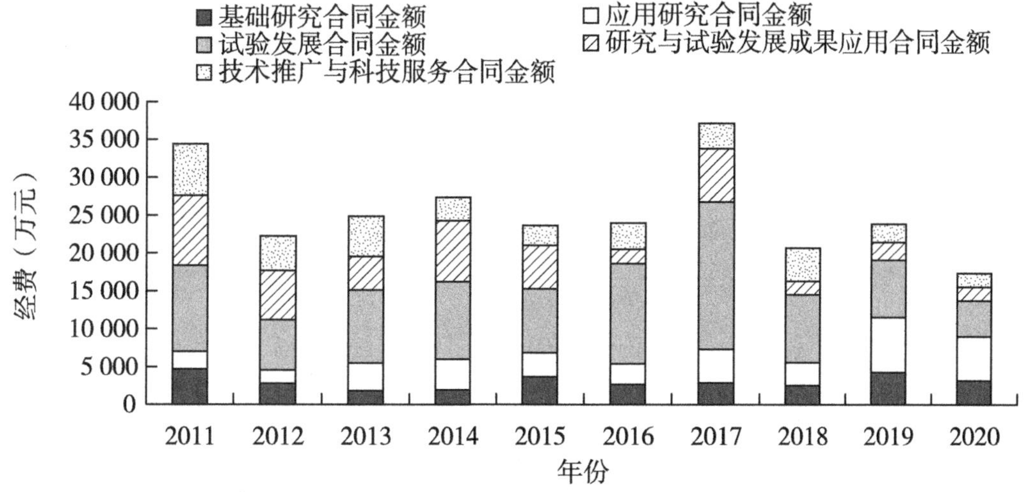

图 2-10 2011—2020 年不同类型新增科技课题合同金额

三、新增科技课题合作形式

2011—2020 年，新增科技课题合作形式主要以独立研究为主，占 80.34%。新发展阶段科技创新在百年未有之大变局下转向开放创新合作，国际科技合作是构建开放创新新格局的重要路径，科技课题活动在国内外合作方面有待加强（图 2-11）。

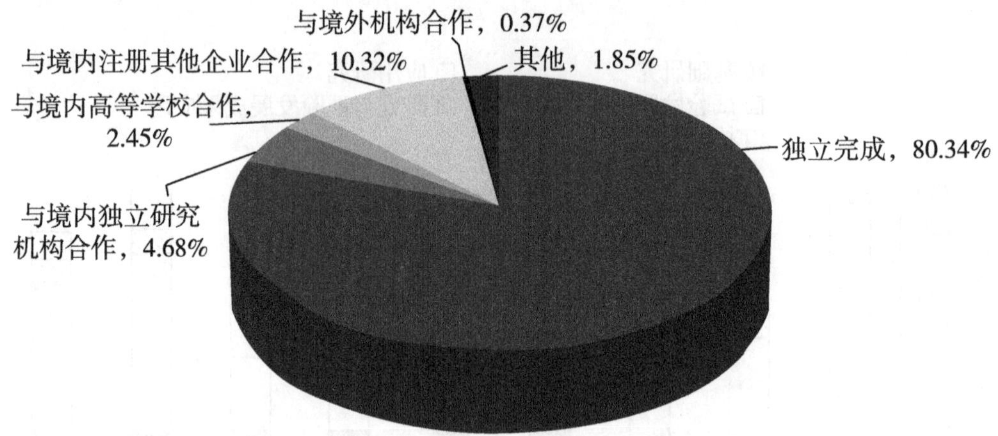

图 2-11　2011—2020 年新增科技课题合作形式

四、人均新增科技课题

2011—2020 年，人均新增科技课题数量变化较小，基本维持在 0.29～0.32 项。人均新增科技课题合同金额变化较大，2017 年最多，每人 15.46 万元；2020 年最少，每人 7.27 万元，相差 2.13 倍（图 2-12）。

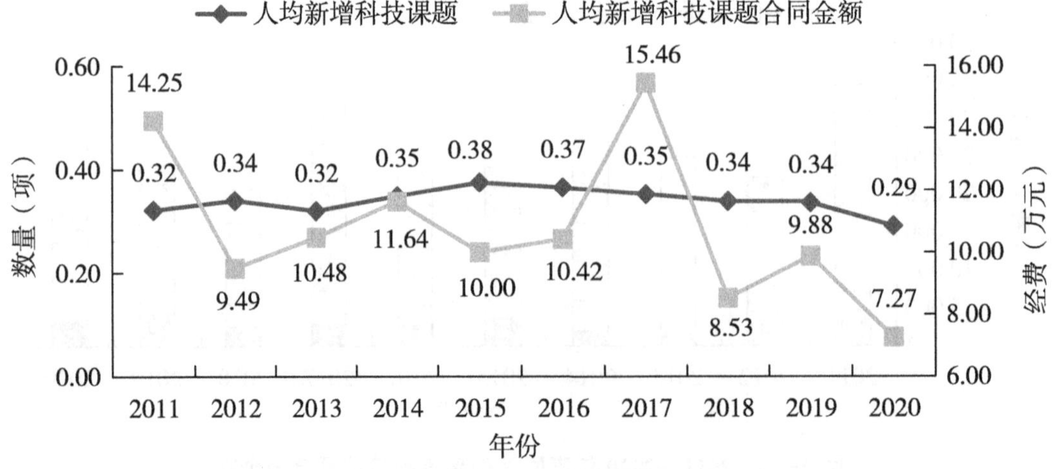

图 2-12　2011—2020 年人均新增科技课题和合同金额

十年间，人均新增科技课题3.89项，其中人均新增科技课题最多的科研院所达14.53项，最少仅0.42项，相差34.60倍，大于平均水平的有14家。人均新增科技课题合同金额107.46万元，其中人均新增科技课题合同金额最多的科研院所达486.72万元，最少仅8.79万元，相差55.36倍，大于平均水平的有13家。

第四节　科技创新产出

一、知识创造

（一）科技论文

2011—2020年，发表科技论文10 810篇，年度间变化趋势不明显。其中SCI论文985篇，占9.11%，处于明显增长趋势，年均增长21.34%。国内三大核心期刊（中文核心、CSCD、CSSCI）3 293篇，占30.46%（图2-13）。

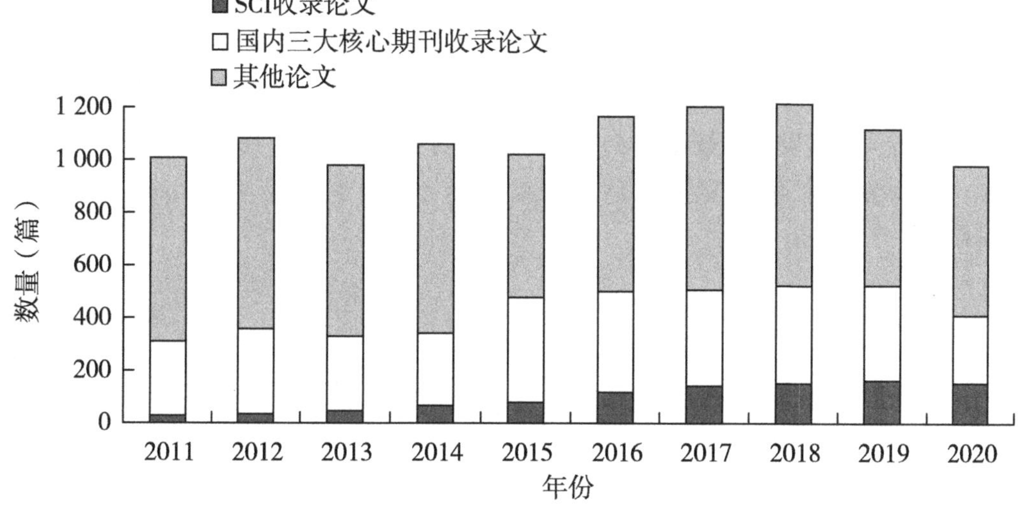

图2-13　2011—2020年发表科技论文

十年间，平均每家科研院所发表科技论文300.28篇，高于平均水平的有16家，低于100篇的有6家。发表科技论文最多的科研院所达858篇，最少仅6篇，差距

143 倍。平均每家科研院所发表 SCI 收录论文 27.36 篇，高于平均水平的有 11 家，有 10 家没有 SCI 收录论文。发表 SCI 收录论文最多的科研院所有 263 篇，占 26.70%，该科研院所具有较高水平的知识创新能力。

（二）人均科技论文

2011—2020 年，年度间人均发表科技论文有一定变化，变化幅度在 0.11～0.17 篇（图 2-14）。

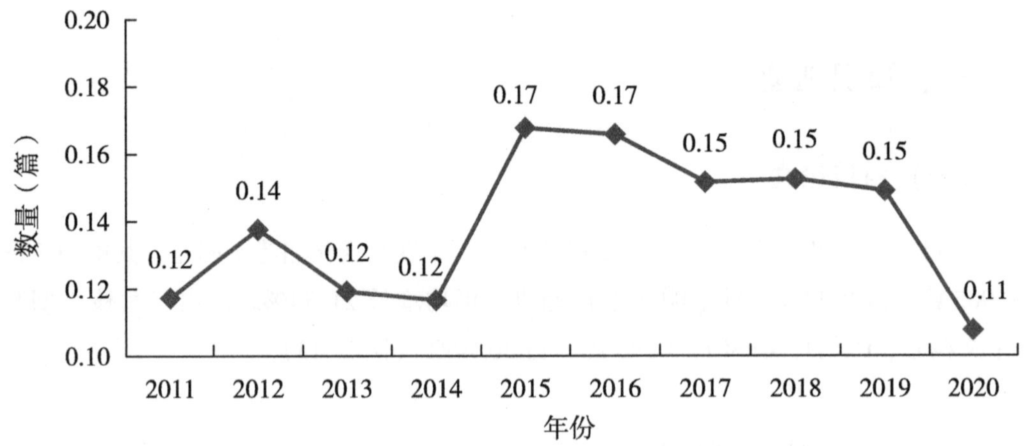

图 2-14　2011—2020 年人均发表科技论文

十年间，人均发表科技论文 4.54 篇，高于平均水平的有 16 家，低于 1 篇的有 3 家。人均发表科技论文最多的科研院所达 25.69 篇，最少仅 0.61 篇，相差 42.11 倍。

（三）科技论著

2011—2020 年，发表科技论著 190 本，整体呈现逐步增长趋势，2020 年发表数量是 2011 年的 1.78 倍（表 2-4）。科技论著出版最多的科研院所有 22 本，有 10 家科研院所没有科技论著产出。

表 2-4　2011—2020 年发表科技论著

年份	2011	2012	2013	2014	2015	2016	2017	2018	2019	2020
数量（本）	18	18	13	13	16	13	19	23	25	32

二、技术开发

（一）授权专利

2011—2020 年，授权专利 2 102 件，其中发明授权占 46. 15%，实用新型占 52. 52%，外观设计占 1. 33%。授权专利年均增长为 20. 64%，其中发明授权为 21. 08%、实用新型为 20. 85%，可见授权专利近年来增长速度较快（图 2-15）。

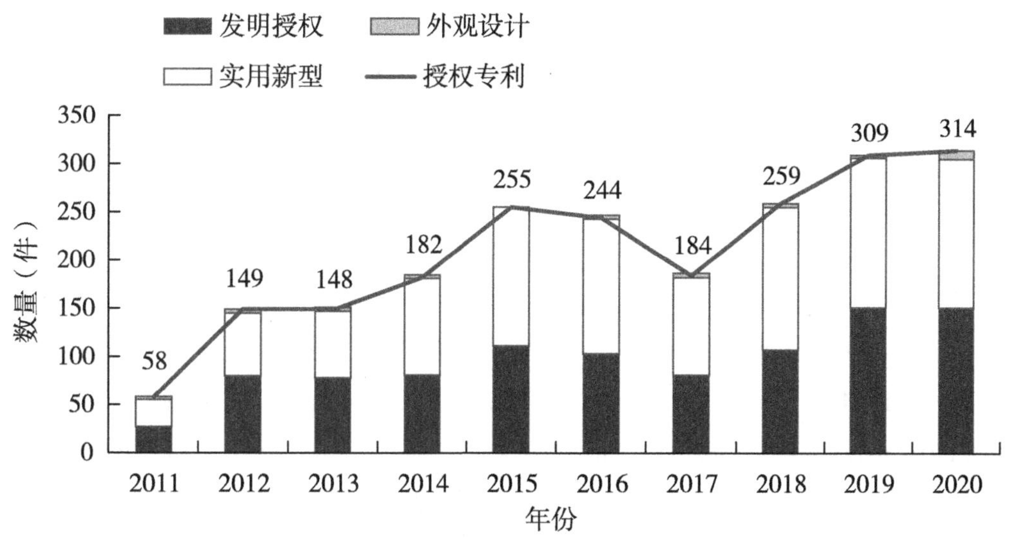

图 2-15　2011—2020 年授权专利

十年间，平均每家科研院所授权专利 58. 39 件，大于平均水平的有 15 家，有 7 家没有授权专利。授权专利总数最多的科研院所达 419 件，发明授权最多的达 138 件，实用新型授权最多的达 331 件。

（二）人均授权专利

2011—2020 年，年度间人均授权专利呈现逐步增长趋势，年均增长 23. 12%，最高年份是最低年份的 6. 5 倍（图 2-16）。

十年间，人均授权专利 0. 88 件，高于平均水平的有 11 家。人均授权专利最多的科研院所有 4. 62 件，除了 7 家为 0 外，最低仅 0. 01 件。

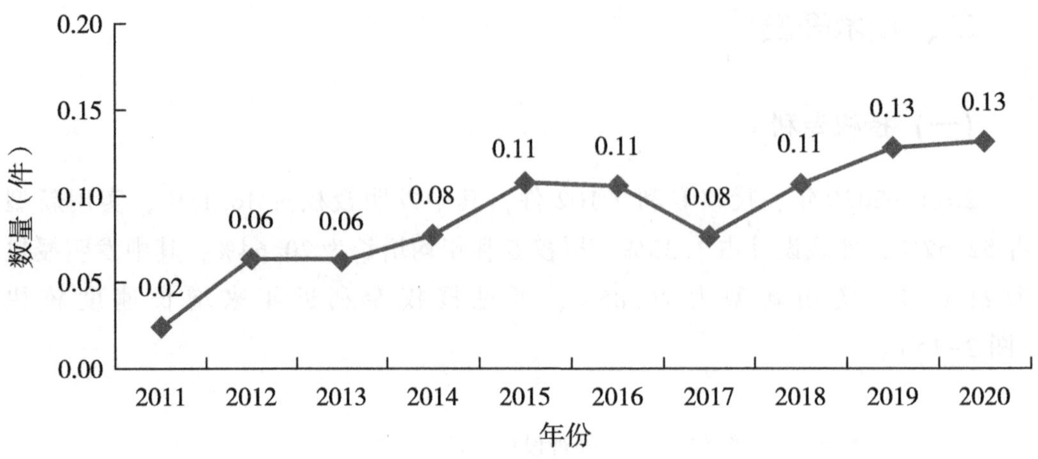

图 2-16　2011—2020 年人均授权专利

（三）品种申请

2011—2020 年，年度间品种审（认、鉴）定和登记产出极不平衡，共产生品种审（认、鉴）定和登记 429 项，其中品种审定 278 项，占 64.80%；品种认定 92 项，占 21.45%；品种鉴定 26 项，占 6.06%；品种登记 33 项，占 7.69%。国家级 62 项，占 14.45%；省级 367 项，占 85.55%。2020 年有 102 项，为最高年份，2015 年和 2019 年仅 14 项（表 2-5）。品种审（认、鉴）定和登记仅是部分科研院所的技术创新成果，如品种审定涉及 8 家科研院所，品种认定涉及 9 家科研院所，品种鉴定涉及 3 家科研院所，品种登记涉及 6 家科研院所。

表 2-5　2011—2020 年品种审（认、鉴）定和登记

年份	品种审定（项）		品种认定（项）		品种鉴定（项）		品种登记（项）		合计（项）
	国家级	省级	国家级	省级	国家级	省级	国家级	省级	
2011	2	41	0	34	3	0	3	0	83
2012	2	12	0	16	0	1	2	0	33
2013	3	19	0	16	1	0	0	0	39
2014	1	25	0	13	2	0	0	0	41
2015	0	9	2	0	1	0	1	1	14
2016	1	22	0	10	4	0	0	0	37
2017	0	14	0	1	0	2	0	0	17

（续表）

年份	品种审定（项）		品种认定（项）		品种鉴定（项）		品种登记（项）		合计（项）
	国家级	省级	国家级	省级	国家级	省级	国家级	省级	
2018	4	36	0	0	0	1	8	0	49
2019	0	5	0	0	0	6	3	0	14
2020	4	78	0	0	0	5	15	0	102
合计	17	261	2	90	11	15	32	1	429

（四）标准制定

2011—2020 年，制定标准 203 件，其中国家标准占 8.87%，行业标准占 7.39%，地方标准占 83.74%，年度间标准制定产出变化趋势不明显。2015 年有 28 项，为最高年份，2018 年仅 15 项（表 2-6）。标准制定仅是部分科研院所的技术创新成果，如国家标准涉及 6 家科研院所，行业标准涉及 5 家科研院所，地方标准涉及 19 家科研院所。

表 2-6　2011—2020 年标准制定

年份	国家标准（项）	行业标准（项）	地方标准（项）	合计（项）	年份	国家标准（项）	行业标准（项）	地方标准（项）	合计（项）
2011	1	0	22	23	2016	1	1	15	17
2012	1	0	17	18	2017	3	1	16	20
2013	3	0	24	27	2018	2	4	9	15
2014	2	3	14	19	2019	0	0	17	17
2015	4	3	21	28	2020	1	3	15	19
					合计	18	15	170	203

（五）其他技术开发

2011—2020 年，获得植物新品种权 59 项，涉及 6 家科研院所。软件著作权 334 项，涉及 21 家科研院所。商标权 25 项，涉及 6 家科研院所。另还获一类新兽药注册证书 2 份，三类新兽药注册证书 1 份（表 2-7）。

表 2-7　2011—2020 年其他技术开发

年份	新兽药注册证书（份）	植物新品种权（项）	软件著作权（项）	商标权（项）	年份	新兽药注册证书（份）	植物新品种权（项）	软件著作权（项）	商标权（项）
2011	0	1	2	1	2016	0	12	11	1
2012	1	0	5	1	2017	0	12	16	4
2013	1	1	13	0	2018	0	7	21	5
2014	0	4	17	0	2019	0	4	102	7
2015	0	8	11	6	2020	1	10	136	0
					合计	3	59	334	25

第五节　科技创新影响

一、获奖情况

分别于 2014 年和 2018 年获福建省科学技术重大贡献奖各 1 人，获得者是福建省农业科学院的张艳璇研究员和王泽生研究员。2011—2020 年，获省自然科学三等奖 3 项，获省技术发明二等奖 1 项。获省科学技术奖 169 项，科学技术一等奖 17 项，占全省 11.81%；科学技术二等奖 69 项，占全省 12.71%；科学技术三等奖 83 项，占全省 8.03%（图 2-17）。其中福建省农业科学院下属的 15 家研究所共获省

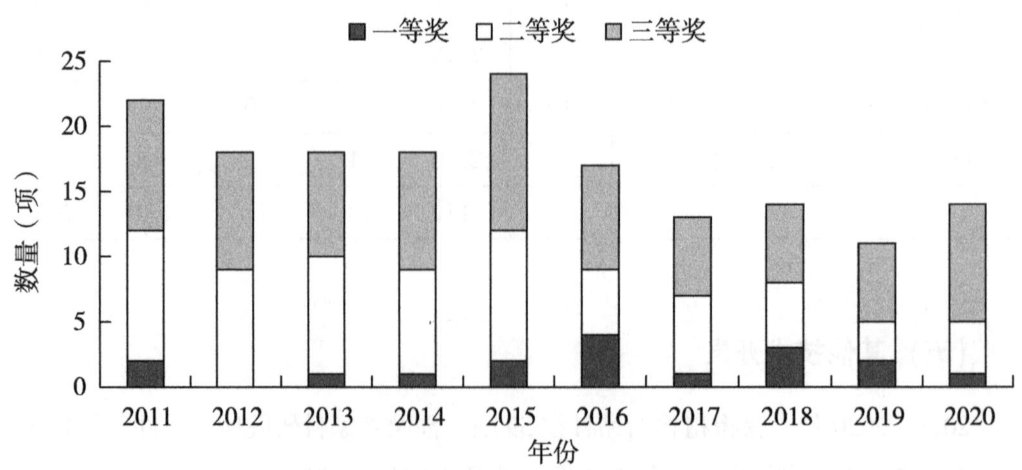

图 2-17　2011—2020 年获福建省科学技术进步奖

科技技术奖 120 项，占科研院所总数 71.01%（一等奖占 58.82%，二等奖占 68.12%，三等奖 75.90%），可见福建省农业科学院在获奖成果上具有明显优势。十年间，仅 2012 年有 1 项成果获国家科学技术进步奖二等奖，由福建省农业科学院食用菌研究所等单位承担，王泽生研究员主持的“双孢蘑菇育种新技术的建立与新品种 As2796 等的选育及推广”。

二、经济效益

（一）科技成果转化

2016—2020 年，科技成果转化总合同数 13 320 项，2017 年合同数最多，达 3 763 项。其中技术开发、咨询、服务合同数达 12 805 项，占 96.13%，技术作价投资合同数为 0。科研院所科技成果转化总合同金额 76 242.72 万元，年均增长率 17.43%，2020 年合同金额最多，达 22 795.02万元。其中技术开发、咨询、服务合同金额达 58 046.48 万元，占 76.13%（表 2-8）。科技成果转化的快速发展与期间出台引导和激励科研院所提升创新创业创造的系列政策措施有关。

表 2-8　2016—2020 年科技成果转化

项目	2016年		2017年		2018年		2019年		2020年		合同数合计（项）	合同金额合计（万元）
	合同数（项）	合同金额（万元）	合同数（项）	合同金额（万元）	合同数（项）	合同金额（万元）	合同数（项）	合同金额（万元）	合同数（项）	合同金额（万元）		
科技成果转让	21	106	22	792	13	508	157	7 333.22	119	3 907.69	332	12 646.91
科技成果许可	18	300.60	27	391.86	57	1 151.15	36	1 505.90	45	2 199.82	183	5 549.33
技术作价投资	0	0	0	0	0	0	0	0	0	0	0	0
技术开发、咨询、服务	3 066	11 579.40	3 714	9 063.77	1 852	9 886.75	2 059	10 828.69	2 114	16 687.87	12 805	58 046.48
合计	3 105	11 986.00	3 763	10 247.63	1 922	11 545.90	2 252	19 667.81	2 278	22 795.02	13 320	76 242.72

十年间，平均每家科研院所科技成果转化合同数达 370 项，合同金额达 2 117.85 万元。高于平均合同金额的科研院所有 8 家，8 家总合同金额 54 687.63 万元，占总数 71.73%。科研院所合同金额最高的科研院所达 19 660.67 万元，排名第

二位的达 12 162.78 万元，排名第三位的达 5 759.80 万元。有 2 家科研院所没有科技成果转化，目前科技成果转化多集中在少数几家科研院所。

（二）人均科技成果转化

2016—2020 年，人均科技成果转化合同数呈现下降趋势，年均增长-8.41%。人均科技成果转化合同金额呈现增长趋势，年均增长 16.41%（图 2-18）。年度间单项合同金额处于逐步增长趋势，分别为 3.86 万元、2.72 万元、6.01 万元、8.73 万元、10.01 万元，年均增长 26.90%。

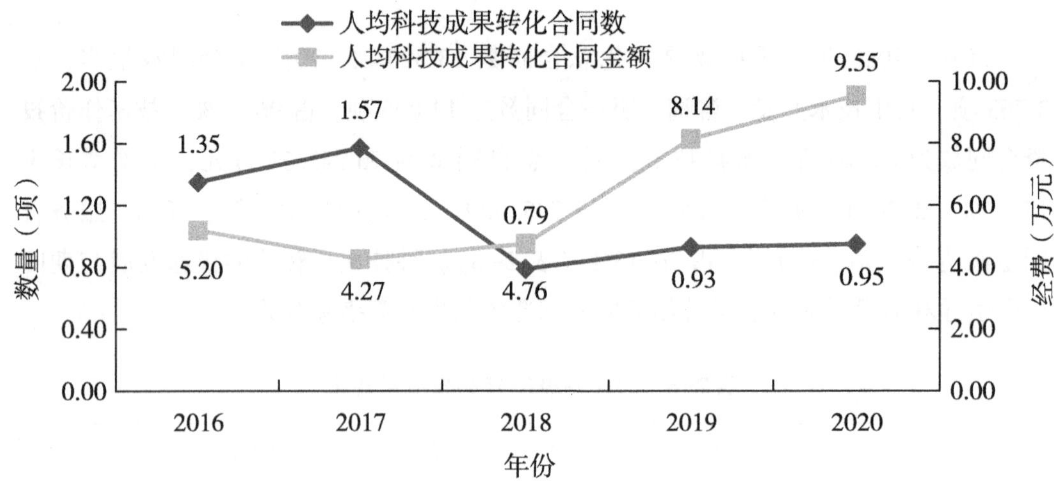

图 2-18　2016—2020 年人均科技成果转化

十年间，人均科技成果转化合同数和合同金额分别为 5.58 项、31.94 万元。高于人均科技成果转化合同金额（31.94 万元）的科研院所有 10 家，最高达 358.12 万元，低于 5 万元的有 7 家。平均每项转化合同金额 5.72 万元，高于平均水平的有 24 家，单项科技成果转化合同金额最高的科研院所达 66.45 万元，低于 1 万元的有 4 家。

三、社会效益

（一）对外科技服务

2011—2020 年，对外科技服务活动工作量合计 11 417 人·年①，其中 2012 年

① “人·年”表示对外科技服务工作人数同对外科技服务工作时间积乘之和，如 1 项科技服务有 3 人参与，1 人是全年参与，即 1×1=1，第 2 个人 1 年参与 6 个月，即 1×0.5=0.5，第 3 个人 1 年参与 3 个月，即 1×0.25=0.25，总数为 1.75；人·年是衡量总量的一个指标，属于规模性指标。

最高，达 1 705 人·年，2019 年最低，仅 725 人·年（图 2-19）。其中为社会和公众提供的检验、检疫、测试、标准化、计量、计算、质量控制和专利服务占比最高，达 23.19%；地形、地质和水文考察、天文、气象和地震的日常观察最少，仅 0.65%（图 2-20）。

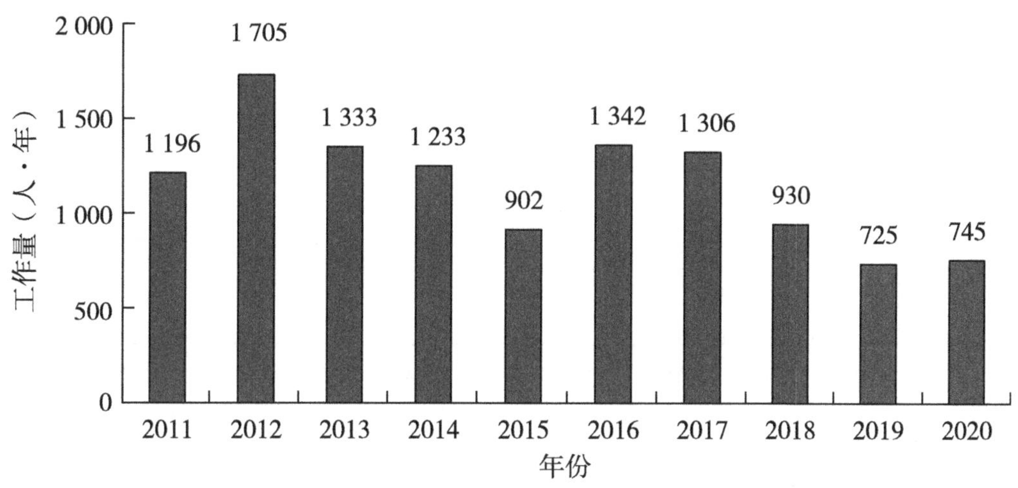

图 2-19　2011—2020 年对外科技服务

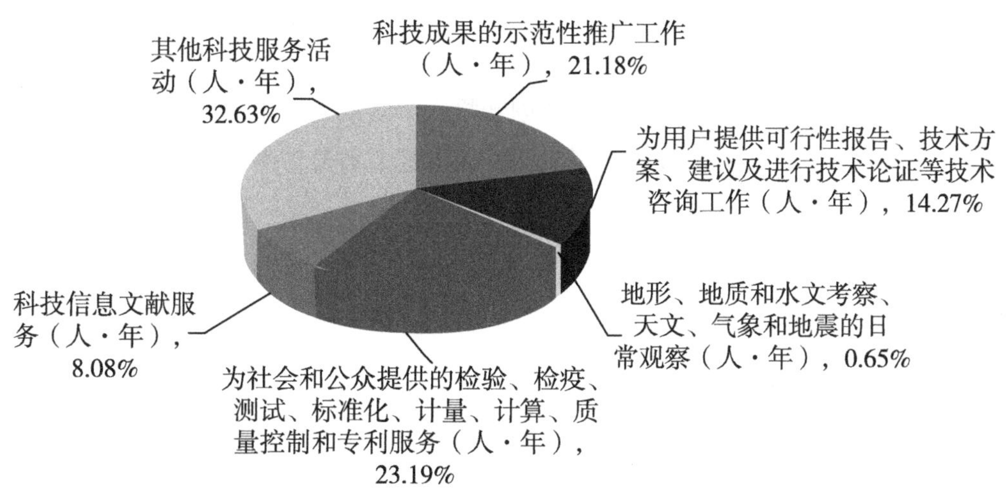

图 2-20　2011—2020 年对外科技服务活动类型

十年间，平均每家科研院所对外科技服务活动是 317.14 人·年，高于平均水平的有 9 家，低于 100 人·年的有 4 家。对外科技服务活动最多的科研院所达 2 565 人·年，最少仅 1 人·年，差距较大。

（二）人均对外科技服务

2011—2020 年，年度间人均对外科技服务活动总体上呈现下降趋势，2012 年达到最高值，人均为 0.73 人・年，2019 年最低，人均仅 0.30 人・年（图 2-21）。

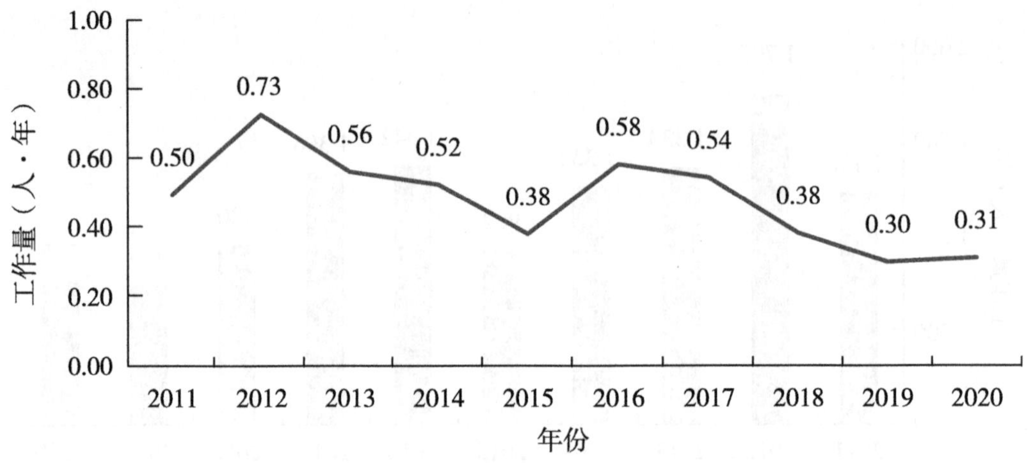

图 2-21　2011—2020 年人均对外科技服务

十年间，人均对外科技服务活动 4.80 人・年，高于平均水平的有 11 家科研院所。人均对外科技服务活动最多的科研院所达 9.73 人・年，最少仅 0.15 人・年，相差 64.87 倍。

上述分析可知，科研院所之间科技创新投入、活动、产出和效益差距较大，尤其年度间科技创新产出和科技创新影响等方面极其不均衡，存在明显的差距。

参考文献

［1］ 吕力之. 科技指标研究的回顾与展望［EB/OL］.（2006-03-09）［2022-06-08］. http://www. sgst. cn/xwdt/shsd/200705/t20070518_108445.html.

［2］ 冯瑄，徐永昌. 从科技统计手册看科技指标研究的发展［J］. 中国科技论坛，1996（3）：55、56-59.

［3］ 刘树梅. 我国科技统计发展概况［J］. 科技管理研究，2007（2）：1-3.

［4］ 董丽娅. 中国科技指标发展现状及关注的问题［J］. 2001（1）：3-5.

［5］ 才让，高振，刘骁. 高等院校与科研院所的职能定位和实际作用［M］. 北京：经济科学出版社，2014.

第三章

福建省属公益类科研院所科技创新能力评估

科技创新能力是科研院所核心竞争力的重要体现，是赖以生存的支柱和持久发展的动力。本章基于资源配置理论，运用层次分析法（AHP），分别从创新基础条件、创新活动投入、创新产出水平和创新转化效益4个维度，评估36家福建省属公益类科研院所2011—2020年科技创新能力、科技创新实力和科技创新效力，为进一步提升科研院所科技创新能力提供参考依据。

第一节　相关背景

党的十九大报告提出："创新是引领发展的第一动力"。习近平总书记指出："科研院所和研究型大学是我国科技发展的主要基础所在，也是科技创新人才的摇篮。"2020年，我国科研院所基础研究、应用研究与试验发展经费比例为1：1.89：3.05，试验发展经费是高校的9.05倍，基础研究经费是企业的6.00倍①。按照熊彼特观点，经济学上的创新是指科学技术产业化，而不是技术发明创造。传统将科技创新成果生成效率（如论文、专利……），等同于科技创新能力的观点过于片面。因此，如何科学系统地评估科技创新能力成为引领科研院所科技创新高质量发展的重要基础和导向。

福建省属公益类科研院所是区域公共技术研究和公益科技服务的重要载体，科研和技术服务涉及农业、林业、生物、海洋、医学、体育、安全、计量、环保等18类学科领域。新中国成立后特别是改革开放以来，科研院所按照职责使命和目标任务，积极向社会提供技术推广、指导、咨询等公共服务，在引领区域公共基础科学研究创新、保障区域现代农业可持续发展、推动区域重要行业共性技术进步、满足区域公共安全技术需求等发挥着不可替代的作用。如研发的水稻、马铃薯、茶叶、果树、食用菌等农作物新品种占福建省60%～90%，其中水稻品种占福建省水稻种植面积60%以上，使福建省水稻品种基本实现每3～5年更换一次。枇杷、龙眼品种分别占福建省新植面积90%以上和60%左右。茶树新品种占福建省80%，在全国推广100多万亩，居全国同类良种推广之首。育成的优质白羽半番鸭品种广泛推广应用，至今仍占我国优质肉鸭养殖量30%。2011—2020年，共完成水稻、茶叶、果树、林业、食用菌、花卉、畜禽、水产等农业主导产业品种审（认、鉴）定、登记429个，植物新品种权59个，有力推动了农作物品种尤其是主导作物品种结构的调高调优，为福建乃至全国的

① 数据来源于2021年《中国科技统计年鉴》。

种业创新作出了突出贡献[1]。取得成效的同时也存在支撑引领行业创新发展有待增强、面向市场科技成果开发能力较弱、多元化的科技投入体系还未健全、人才引进培养机制存在较多障碍、科研院所间科技创新能力差距大、科技政策协同创新发展还需加强等亟待解决的科技创新问题①。因此，本章基于资源配置理论，通过构建评估指标体系，系统研究福建省属公益类科研院所科技创新能力与存在问题，提出相应对策建议，为提升科研院所科技创新能力提供参考依据。

第二节　研究现状

一、科研院所评估的发展

我国科研院所评估发展与体制机制改革密不可分。初期评估起始于 20 世纪 90 年代，一方面由政府部门主导，主要通过评估为科研院所改革提供依据。如 1993 年，国家科学技术委员会综合司组织的“中国科学研究与技术开发机构综合科技实力和运行绩效评价”。1996 年，农业部组织对全国系统 1 220 个独立农业科研机构在“八五”期间科研开发能力的综合评估[2-3]；另一方面是学术界关于指标体系和评估方法的理论探讨，但较少涉及实证研究[4-5]。2000 年分类改革后，转制科研院所和公益类科研院所成为评估热点。转制科研院所以研究和开发为主，生产和销售为辅的具有综合市场能力的企业实体，评估主要以综合竞争力和综合实力为主，不仅重视技术开发能力，更关注生产能力和市场能力等[6-7]。2008 年之后随着对公益类科研机构稳定支持力度的加大，其科技创新能力评估成为政府部门关注的重要内容之一。近十多年来学术界多对不同类型和级别的公益类科研院所科技创新开展实证评估，如气象科研院所[8]、国防科研院所[9-10]、农业科研院所[11-12]、国家级科研院所[13-14]、地方科研院所[15]等。

二、科研院所科技创新能力评估

关于科研院所科技创新能力研究主要集中在研究视角、评估指标、评价方法等。研究视角方面：有以软系统方法论（SSM）为基础，从 3E 理论出发，逐步逐层分析被评价对象内部功能与外部环境、发展战略与评价目的，且与不同层面权益人需求达成一致基础上建立指标体系[16]。也有基于科技源—科学研究活动—科技成

① 福建省属公益类科研院所科技创新存在问题分析详见第一章第五节。

果的创新过程确定指标体系[17]。还有基于过程—结果的投入产出全过程，对创新过程的阶段、各阶段的投入与产出进行区分并重新界定后构建指标体系[18]。

指标选择方面：一是仅考虑组织内部因素。即创新行为主体的内在条件，不包括行为主体以外的条件，外部环境条件只是对内在能力显示的影响因素，即从基础能力、投入能力、活动能力、产出能力和成果转化扩散能力等内在能力去衡量科研院所科技创新能力[19-20]。二是综合组织内外部因素，即将创新能力分解为内部运行能力、外部影响力和内外协调能力，不仅考虑条件支撑、资源投入、组织管理和创新产出等内部因素，还关注社会教育、文化、科技、市场、金融等外部影响[21-22]。另外，有专家认为科研院所组织内部创新行为是技术创新的主要行为过程，组织外部创新合作以及员工的创新行为是实现技术知识扩散、将科研院所与其他创新主体相连接的必要条件[23]。如果开展科研机构之间的自主创新能力比较评估，可以舍去社会教育、文化、科技、市场、金融等外部影响，这些要素对每个科研机构的机会是均等的[21]。同时科研院所科技创新规模和效率的指标选择一直是学者们关注的重点，关于规模[9-11,20]、效率[24-25]和资源配置能力[26]单维度评价研究较多，但规模性指标和相对性指标是评价科技创新能力的不同角度，在进行全面分析时应兼顾这两类指标[27]。研究所和大学的科研实力很大程度上取决于总量指标，但单纯从总量评价是不全面的，应在充分考虑总量指标基础上兼顾质量指标和机构管理水平，总量指标和人均指标权重以 7 : 3 较为合适[28]。

评价方法方面：客观赋权法有因子分析、频数分析、变异系数分析、熵值法、数据包络分析法等，半主观赋权法有 AHP 法、灰色关联度分析、TOPSIS 法等，主观赋权法有专家咨询法、德尔菲法等[17,20,29]。

已有文献表明，科研院所科技创新能力评估多从实力、效率或资源配置等单维度进行评估，兼顾有规模和效率指标的评估体系，也多以最终的综合指数来表征。较少从科技创新实力和效力进行多角度、多维度分析，关于地方公益类科研院所的研究更是有限。

第三节　研究思路、指标体系和方法选择

一、评估思路与原则

（一）内涵特征

随着科技体制机制改革的不断深入，科研院所的目标、任务和管理体制发生了

重大调整，科技创新能力内涵也处于不断发展变化中。科研院所是围绕国家需要和目标而建立的科研组织，准确识别科技创新内涵和主要特征是评估科技创新能力的前提。《国家中长期科学和技术发展规划纲要》明确指出："社会公益类科研机构要发挥行业技术优势，提高科技创新和服务能力，解决社会发展重大科技问题"。《纲要》实际上隐含了科研机构和大学应作为科学创新主体的观点，区别于企业的技术创新主体[30]，与大学相比，公立科研机构的使命具有国家和历史的继承性，通常同时从事知识创造和知识应用活动，与行业或部门的关联更紧密，尤其是能够以团队方式完成大学无法开展的大规模、系统性研究[31]。因此，科学研究是科研院所的根本任务和主业，且具有较强的工程化能力和一定的产业化能力，围绕重大项目的集成创新能力和可持续发展能力较为突出[32]，是将其技术能力与科研需要相结合，通过开发和掌握对相关行业发展有重大影响的核心技术，来促进新技术、新产品的产生，从而实现服务于经济社会目的的活动[33]。公益类科研院所更是通过有效利用和优化配置各种技术创新资源，通过知识创新、技术创新、成果转化等各种技术创新活动，向政府和社会提供高水平公益研究成果以及公共科技服务[34]。综上所述，公益类科研院所科技创新具备以下主要特征：一是科学研究是根本任务和主业，是其存在的前提和价值所在。二是具备从基础、应用到技术发展的全创新链综合开发能力，面对的是综合性和长远的战略性科学问题。三是公共技术和公益服务是最终目标，是区别其他科研机构的本质特征。

（二）评估思路

科技创新能力是一个由多种能力子系统组合而成的复杂系统，根据上述对公益类科研院所内涵和主要特征的分析，借鉴刘君等[19]关于科技创新能力内涵和6个构成要素的观点，采用"投入—过程—结果"的资源配置分析框架，对创新全过程的阶段进行划分，并对各阶段的投入产出加以界定，从内部因素角度提出公益类科研院所科技创新全过程的逻辑思路，为科学确定评估维度、选择变量等提供客观依据[17,18,19,35]（图3-1）。

（三）评估原则

一是系统性。指标体系构建在充分考虑规模性指标基础上兼顾相对性指标，以全面反映科研院所科技创新实力和效力。既考虑科研院所的横向比较，也考虑科研院所自身发展的纵向对比。既反映科研直接成果，也反映科研间接效益。

二是导向性。通过对评估指标权重的调整，分类突出某些特征和明确评估重

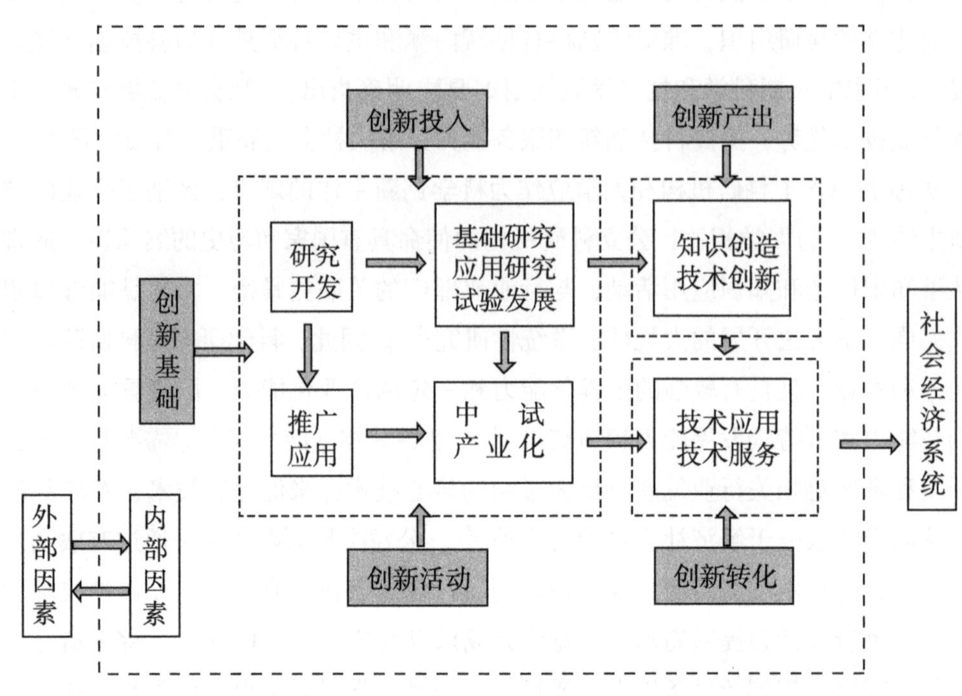

图 3-1　基于“投入-过程-结果”的科研院所资源配置逻辑结构

点，向被评估对象传达“应该做什么，需要重视什么”等导向性信息，引导被评估对象的科研目标与区域经济社会发展需求紧密结合。

三是代表性。尽可能选取影响程度高、具有足够代表性的共性指标，以尽量少的指标反映尽量多的信息，并确保评估指标具备现实的收集渠道。通过系数加权法进行指标赋值来实现不同行业间成果的归类评估，公正体现科研院所的创新成效。

四是可量化。通过指标数据的“无量纲化和标准化”处理，实现不同质指标间的直接运算。选取的指标应可统计、可量化，对于不能或不好量化的定性指标进行“定性指标定量化”，转换形成可量化指标。

二、数据来源及说明

数据来源于科学技术部《科技机构统计年报》（STS 表）和福建省科学技术厅《福建省属公益类科研院所采集表》，及相关主管部门官方网站、中国知网等专业学术网站等。为保护研究对象隐私，分别以机构 1、机构 2、机构 3……机构 36 代表各科研院所。

三、指标体系构建

（一）评估框架

评估指标体系采用“递阶层次结构理论模型”，包括 3 个层次：目标层（一级指标）、准则层（二级指标和三级指标）和指标层（四级指标或具体指标）。根据评估思路，参考已有研究成果[19,36]，采用多维创新指数的方法进行分析，包括科技创新能力指数、科技创新实力指数和科技创新效率指数（图 3–2）。

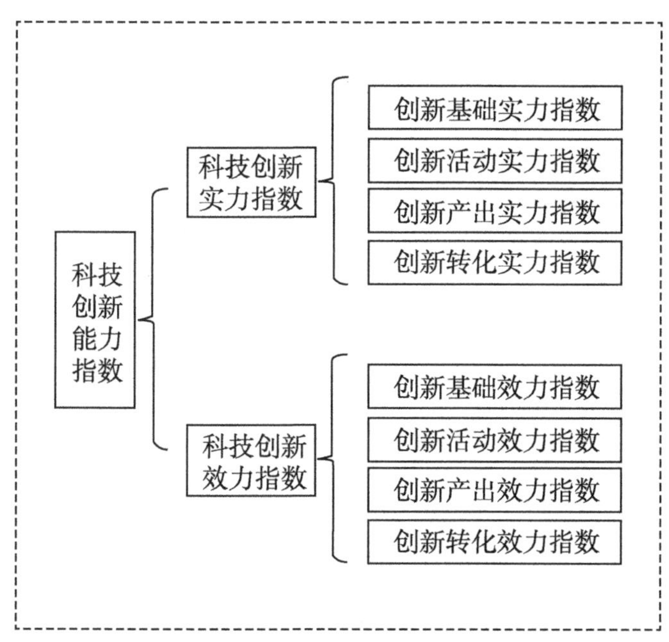

图 3–2　科研院所科技创新能力评估框架

（二）评估指标

遵循评估原则和评估框架，分别从规模性指标和相对性指标选择各维度评估指标。

创新基础条件：参考张卫国等[20]和池敏青等[37]的研究，创新基础来源于科研院所发展过程中长期的积累，是从事科技创新活动的潜力，主要包括人、财、物等基础条件。研究选取科技活动人员数、高学历人员比例、高职称人员比例衡量人才队伍，科技活动收入、人均科技活动收入衡量财力规模，科学仪器设备金额、人均科学仪器设备金额、科技创新平台衡量条件平台（表 3–1）。

表 3-1　福建省属公益类科研院所科技创新能力评估体系

一级指标	二级指标	三级指标	四级（具体）指标	指标权重	具体指标计算说明
（N）科技创新能力	（J）创新基础条件	（J1）人才队伍	（J11）科技活动人员数（人）	0. 045 0	从业人员中科技管理人员、课题活动人员和科技服务人员的数量
			（J12）高学历人员比例（%）	0. 022 5	科技活动人员数中博士毕业人员数占比
			（J13）高职称人员比例（%）	0. 022 5	科技活动人员数中正、副高职称人员数占比
		（J2）财力规模	（J21）科技活动收入（万元）	0. 067 4	开展科技活动所获得收入，不论来源渠道如何
			（J22）人均科技活动收入（万元/人）	0. 022 5	科技活动收入/科技活动人员数
		（J3）条件平台	（J31）科学仪器设备金额（万元）	0. 015 0	纳入资产管理并以直接服务于各类科技活动的仪器和设备
			（J32）人均科学仪器设备金额（万元/人）	0. 006 4	科学仪器设备金额/科技活动人员数
			（J33）科技创新平台（分）	0. 023 6	获科技部、发改委、工信部，省科技厅、省发改委、省工信厅认定的科技创新平台，包括（重点）实验室、工程研究中心、技术创新中心、临床医学研究中心、工程技术研究中心、工程实验室；及其他部委认定的具有竞争性高水平的科技创新平台。10×国家级科技创新平台数+7×省部级科技创新平台数
	（H）创新活动投入	（H1）人员投入	（H11）课题人员折合全时工作量（人·年）	0. 025 8	实际参加课题活动的各类人员工作量的总和
		（H2）经费支出	（H21）课题当年内部支出（万元）	0. 050 5	进行课题研究而实际用于本单位内的全部支出
			（H22）人均课题当年内部支出（万元/人）	0. 016 8	课题当年内部支出/科技活动人员数
		（H3）活动强度	（H31）课题平均投入强度（万元/项）	0. 087 9	新增课题合同经费/新增课题数
			（H32）新增课题指数（分）	0. 029 3	10×新增国家级课题数+7×新增地方级课题数+5×新增其他课题数

（续表）

一级指标	二级指标	三级指标	四级（具体）指标	指标权重	具体指标计算说明
（N）科技创新能力	（C）创新产出水平	（C1）知识创造	（C11）论文论著（分）	0.075 1	论文［13×SCI（1区）论文数+9×SCI（2区）或SSCI论文数+7×SCI（3区）论文数+5×SCI（4区）、国内三大核心期刊源（中文核心、CSCD、CSSCI）论文数+1×其他论文数］+论著［9×专著、译著等数量+7×编著（不包括汇编）等数量］
			（C12）人均论文论著（分/人）	0.025 0	论文论著/科技活动人员数
		（C2）技术创新	（C21）知识产权（分）	0.066 9	7×植物新品种权授予数+5×发明专利授权数+3×实用新型专利授权数+1×（外观设计专利授权数+计算机软件著作权授权数+集成电路布图设计权授权数+商标权授权数）
			（C22）人均知识产权（分/人）	0.028 4	知识产权/科技活动人员数
			（C23）行业成果（分）	0.105 1	［10×国家品种审定数+7×省级品种审定数+7×国家品种认定（鉴定、登记）数+5×省级品种认定（鉴定、登记数）］+［（20×新（兽）药一类证书数+15×新（兽）药二类证书数+10×新（兽）药三类证书数+7×（注册批件数+临床试验批件数）］+［10×主导国家标准数+7×主导行业标准数+5×主导地方标准数］
	（Z）创新转化效益	（Z1）技术转化	（Z11）技术性收入（万元）	0.148 7	从事科学技术活动所获得的非政府资金（毛收入），包括技术开发、技术转让、技术咨询、技术服务、学术活动和科普活动等
			（Z12）人均技术性收入（万元/人）	0.049 6	技术性收入/科技活动人员数
		（Z2）技术服务	（Z21）对外科技服务（人·年）	0.049 6	与科学研究与试验发展有关并有助于科学技术知识的产生、传播和应用的活动
			（Z22）人均对外科技服务（人·年/人）	0.016 5	对外科技服务/科技活动人员数

注：人才队伍指标为统计期内的平均数，条件平台指标为截至统计期最后一年年底的数据，其他指标为2011—2020年累计数据。

创新活动投入：参考刘君等[19]的研究，创新活动投入主要是人才和经费的实际投入能力，包括人才规模和素质、经费体量和结构。科研院所主要以科技课题为载体进行创新研究，科技课题的投入数量、水平和强度在很大程度上体现了创新投入活动水平。研究选取课题人员折合全时工作量衡量创新活动人员投入，课题当年内部支出、人均课题当年内部支出衡量创新活动经费投入，课题平均投入强度、新增课题指数衡量创新活动强度（表3-1）。

创新产出水平：参考胡慧英等[12]和陈耀等[38]的研究，科研院所科技创新成果分知识创造和技术创新等。论文论著凝聚了科研院所科技工作者对科技创新探索性和创造性劳动的程度，是主要的学术性产出，是衡量知识创造的重要指标。知识产权、行业技术是反映科研院所掌握核心技术开发的能力，是形成核心竞争力的重要来源，是主要的技术性产出，是衡量技术创新的重要指标，包括品种权、专利、著作权等知识产权，以及品种审认定、新药证书、标准等行业专有技术等（表3-1）。

创新转化效益：参考池敏青[37]等研究，创新转化效益包括经济效益和社会效益，技术性收入反映了科技创新与产业发展联系紧密程度，包括技术开发、转让，咨询及服务等收入，是科研院所科技创新转化为经济效益的最直接体现。对外科技服务是衡量对外科技服务与产业联系的重要指标，是公益类科研院所社会效益的重要体现。研究选取技术性收入和对外科技服务的总量和人均水平衡量创新转化效益（表3-1）。

为了全面衡量不同行业科研院所的创新产出，依据成果的不同水平，采用系数加权法对“科技创新平台”“论文论著”“知识产权”“行业成果”等指标进行赋值（表3-1）。一共选择22个可度量指标用于测度科技创新综合能力，其中12个用于测度科技创新实力，10个用于测度科技创新效率。参考俞立平等[28]关于规模、质量、均衡等科研机构评价指标的建议，规模指标和效率指标的权重尽量控制在7∶3左右。

（三）评估方法

一是权重确定。为了分维度、多角度分析科研院所科技创新能力，采用层次分析法（AHP）构造两两比较判断矩阵来确定权重。根据构建的评估体系，采用1～9标度法（表3-2），向相关领域9名资深专家发放“评估指标相对重要性判断表”，在各层级中逐一比较两两指标的重要性并赋值，构造两两比较判断矩阵，通过一致性检验后，计算出各层次指标的权重。基于各专家的判断，剔除异常的判断，计算出平均意义的权重值（W_i）[39]。经测算，规模性指标权重和相对性指标权重比约7∶3（表3-1）。

表 3-2　层次分析法标度及定义说明

标度	含义	标度	含义
1	因子 B_i 和 B_j 同等重要	9	因子 B_i 与 B_j 绝对重要
3	因子 B_i 与 B_j 略重要	2、4、6、8	以上两判断的中间状态
5	因子 B_i 与 B_j 较重要	倒数	因子 B_i 与 B_j 比较时，标度为 $a_{ji}=1/a_{ij}$
7	因子 B_i 与 B_j 非常重要		

二是数据标准化。由于各指标计算单位不同，无法直接综合和比较，选用极差法进行各指标数据标准化处理，即

正指标：$X_i=\dfrac{x_i-\min(x_i)}{\max(x_i)-\min(x_i)}\times 100\%$

逆指标：$X_i=\dfrac{\max(x_i)-x_i}{\max(x_i)-\min(x_i)}\times 100\%$

式中，x_i 为指标的原值，X_i 为指标的标准化值，$\max(x_i)$ 和 $\min(x_i)$ 分别为各具体指标集的最大值和最小值。

三是指数计算。具体指标指数是指标得分和指标权重的积，即具体指标指数 $Z_i=X_i\times W_i$，式中，Z_i 为某一具体指标指数，X_i 为某一具体指标标准化后得分，W_i 为某一具体指标权重。

综合指数是所有具体指标指数的加权求和，即综合指数 $CI=\sum_{i=1}^{n}Z_i$，式中，n 为具体指标数目，Z_i 为某一具体指标指数。受指标体系各指标标准化影响，数值在 0～100 变化。如果科研院所科技创新能力比较高，那么指数值则相对较高；反之则相反。同理各层级指数（即一级指标、二级指标、三级指标等）由该层级所包含的指标指数加权求和获得。

四是聚类分析。参照潘丹[40]等，采用 K 均值聚类法（K-means）对评估结果进行聚类分析，明确各科研院所的等级类型。

第四节　评估结果与分析

根据上述构建的评估指标体系，实证分析十年期间（2011—2020 年）、“十二五”期间和“十三五”期间 36 家科研院所的科技创新能力、科技创新实力和科技

创新效率。分析过程中将36家科研院所分成三个梯队，1～12名为第一梯队，13～24名为第二梯队，25～36名为第三梯队。

一、科技创新能力

（一）科技创新能力指数排名

2011—2020年，36家科研院所科技创新能力指数分为3个梯队，排名前3的是机构7、机构28、机构9，排名后3位的是机构10、机构32、机构30。十年科技创新能力指数受到"十二五"和"十三五"指数共同影响。"十二五"期间到"十三五"期间，科技创新能力指数排名变化不大，多数机构处于一定范围内的微调整状态，但也有个别表现为大幅进步和退步现象。有15家机构位次处于上升状态，上升≤5名次的有12家机构。进步较快的有机构24、机构19和机构12，分别上升10位、8位和7位。其中机构12由19位上升到12位，进入第一梯队；机构24由29位上升到19位，进入第二梯队；机构19由30位上升到22位，进入第二梯队。有17家机构位次处于下降状态，下降≤5名次的有14家机构。大幅退步的有机构2、机构36和机构17，分别下降13位、10位和9位。其中机构17由12位下降到21位，退出第一梯队；机构2由15位下降到28位，退出第二梯队；机构36由21位下降到31位，退出第二梯队（表3-3）。

表3-3　不同时期科技创新能力指数排名

第一梯队				第二梯队				第三梯队			
排名	十年	"十二五"	"十三五"	排名	十年	"十二五"	"十三五"	排名	十年	"十二五"	"十三五"
1	机构7	机构7	机构28	13	机构20	机构14	机构18	25	机构33	机构21	机构33
2	机构28	机构9	机构22	14	机构23	机构20	机构20	26	机构19	机构8	机构11
3	机构9	机构6	机构7	15	机构31	机构2	机构23	27	机构29	机构3	机构4
4	机构35	机构35	机构9	16	机构12	机构31	机构31	28	机构8	机构29	机构2
5	机构6	机构28	机构35	17	机构15	机构23	机构15	29	机构36	机构24	机构16
6	机构22	机构13	机构6	18	机构17	机构5	机构5	30	机构16	机构19	机构8
7	机构13	机构22	机构25	19	机构5	机构12	机构24	31	机构3	机构16	机构36
8	机构26	机构26	机构13	20	机构2	机构15	机构34	32	机构4	机构4	机构3
9	机构25	机构1	机构26	21	机构24	机构36	机构17	33	机构27	机构27	机构27
10	机构1	机构18	机构14	22	机构34	机构33	机构19	34	机构10	机构32	机构10
11	机构18	机构25	机构1	23	机构21	机构11	机构29	35	机构32	机构30	机构32
12	机构14	机构17	机构12	24	机构11	机构34	机构21	36	机构30	机构10	机构30

（二）科技创新能力指数结构

科技创新能力指数由科技创新实力指数和科技创新效力指数组成。不同机构两个分指数呈现不同的发展趋势，甚至存在显著差异。科技创新能力指数主要取决于科技创新实力，但也受到科技创新效力的影响。十年期间，创新能力指数处于第一梯队的机构，实力指数也均稳定在前 1/3 位次，但有 3 家机构的效力指数处于第二梯队，分别是机构 13、机构 18、机构 14。另外机构 35 的效力指数排名第 1，实力指数排名第 8，综合影响能力指数位列第 4。创新能力处于第三梯队的机构，实力指数也基本维持在该梯队，但机构 36 和机构 29 的效力指数排名分别位列第 18 和第 20，处于第二梯队（表 3–4）。

从实力指数和效力指数均衡性看，一是两个分指标指数较为均衡，如机构 28、机构 25、机构 20、机构 27、机构 10，两个分指标指数排名一致，分别处于第 2、9、14、32、35 位。二是共有 19 家机构实力指数优于效力指数。差距≤9 的有 16 个机构，另外机构 34 差距 15 位，机构 14 差距 12 位，机构 31 差距 10 位。三是共有 12 家机构效力指数优于实力指数。差距≤9 的有 8 个机构，另外机构 36 差距 15 位，机构 21 差距 13 位，机构 29 和机构 5 差距分别 11 位（表 3–4）。

表 3–4　2011—2020 年科技创新能力指数及分指数排名

第一梯队				第二梯队				第三梯队			
科研院所	能力指数排名	实力指数排名	效力指数排名	科研院所	能力指数排名	实力指数排名	效力指数排名	科研院所	能力指数排名	实力指数排名	效力指数排名
机构 7	1	1	3	机构 20	13	14	14	机构 33	25	24	29
机构 28	2	2	2	机构 23	14	16	12	机构 19	26	26	28
机构 9	3	3	4	机构 31	15	13	23	机构 29	27	31	20
机构 35	4	8	1	机构 12	16	18	11	机构 8	28	25	33
机构 6	5	4	5	机构 15	17	15	21	机构 36	29	33	18
机构 22	6	5	7	机构 17	18	17	19	机构 16	30	27	30
机构 13	7	6	15	机构 5	19	21	10	机构 3	31	28	27
机构 26	8	7	8	机构 2	20	20	17	机构 4	32	30	25
机构 25	9	9	9	机构 24	21	22	24	机构 27	33	32	32
机构 1	10	12	6	机构 34	22	19	34	机构 10	34	35	35
机构 18	11	11	13	机构 21	23	29	16	机构 32	35	36	31
机构 14	12	10	22	机构 11	24	23	26	机构 30	36	34	36

从指标得分率看（图 3-3），能力指数前 12 名的机构，实力指数和效力指数得分率均相对较高。机构 7、机构 28、机构 9 的实力指数位居前 3；机构 35 效力指数得分率最高，其次是机构 28 和机构 7。而能力指数处于后 12 名的机构，实力指数和效力指数得分率均较低，特别是机构 32、机构 10、机构 30 的实力指数得分居于最末 3 位，机构 30、机构 10、机构 34 位效力指数得分为最后 3 名。

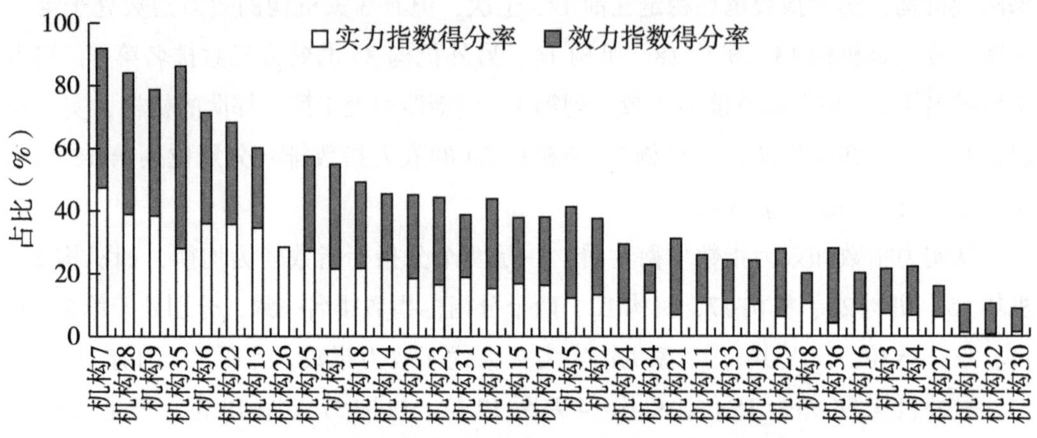

图 3-3　2011—2020 年实力指数和效力指数对科技创新能力的得分率

注：图中机构以 2011—2020 年科技创新能力指数由高到低排序，机构 7 位列第 1。

（三）科技创新能力指数聚类

采用 K 均值聚类法将 36 家科研院所科技创新能力指数聚为 5 类，分别对应很强、较强、一般、较弱和很弱 5 个等级。指数聚类结果表明，多数科研院所分布在中下水平，即“一般”和“较弱”，占 61. 11%。很强的占 16. 67%，较强和很弱均占 11. 11%（表 3-5）。

表 3-5　2011—2020 年科研院所科技创新能力聚类分布

项目	聚类				
	1（很强）	2（较强）	3（一般）	4（较弱）	5（很弱）
科研院所	机构 7、机构 28 机构 9、机构 35 机构 6、机构 22	机构 13、机构 26 机构 25、机构 1	机构 18、机构 14 机构 20、机构 23 机构 31、机构 12 机构 15、机构 17、 机构 5、机构 2	机构 24、机构 34 机构 21、机构 11 机构 33、机构 19 机构 29、机构 8 机构 36、机构 16 机构 3、机构 4	机构 27、机构 10 机构 32、机构 30
数量（家）	6	4	10	12	4
占比（%）	16. 67	11. 11	27. 78	33. 33	11. 11

二、科技创新实力

（一）科技创新实力指数变化

科技创新实力主要体现创新活动的规模，虽然不同评估期实力指数排名有所变化，但总体上在各自的梯队内略微调整，如机构 7、机构 28、机构 9、机构 6、机构 22、机构 13、机构 26、机构 35、机构 25、机构 14、机构 18、机构 1 在十年期间、“十二五”期间和“十三五”期间实力指数排名均处于前 12 名。“十三五”与“十二五”相比，36 家科研院所实力指数整体上处于增长趋势，增长 6. 87%。其中实力指数处于增长的有 24 家机构，增长最多的是机构 19，达 59. 51%；最少的是机构 32，仅 0. 91%。实力指数处于下降的有 12 家机构，下降最多的是机构 2，为 -47. 98%；最少的是机构 9，为-0. 34%（图 3-4）。

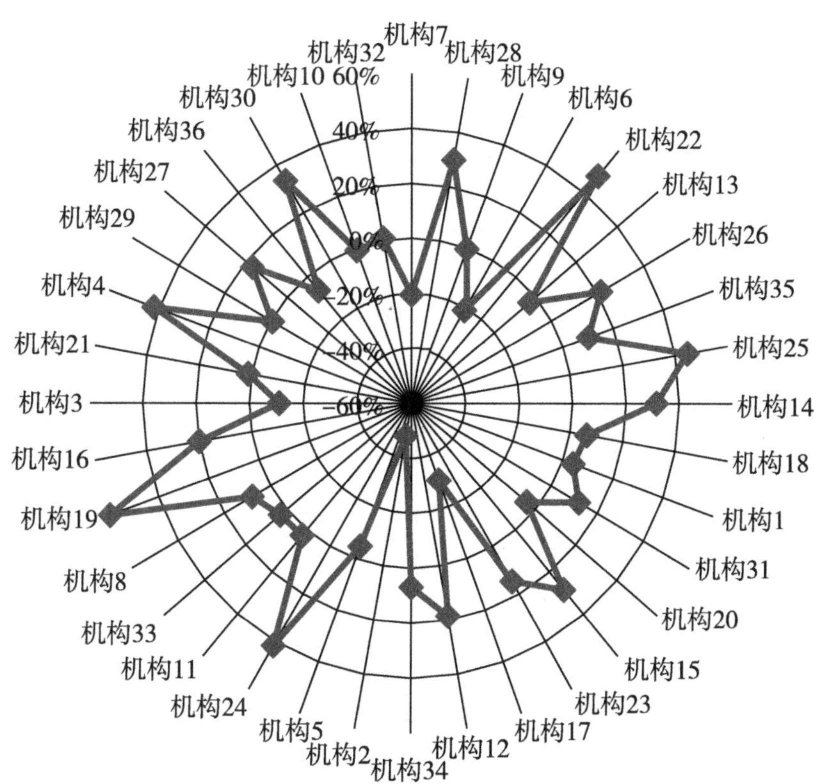

图 3-4　“十三五”科技创新实力指数增长率

注：图中机构以 2011—2020 年科技创新实力指数由高到低顺时针排序，机构 7 位列第 1 名。

(二）科技创新实力指数分解

科技创新实力指数是由创新基础实力指数、创新活动实力指数、创新产出实力指数和创新转化实力指数构成。

从创新基础实力看，有 13 家机构基础实力指数排名高于总体实力指数，有 14 家低于总体实力指数，有 9 家不变。仅有 2 家机构基础实力指数排名与总体实力指数差距超过 10 名次，即机构 8 高 15 名；机构 35 低 14 名（表 3–6）。

表 3–6　2011—2020 年科技创新实力指数及分指数排名

科研院所	总体实力指数	创新基础实力指数	创新活动实力指数	创新产出实力指数	创新转化实力指数	科研院所	总体实力指数	创新基础实力指数	创新活动实力指数	创新产出实力指数	创新转化实力指数
机构 7	1	1	1	8	4	机构 34	19	13	23	21	12
机构 28	2	2	3	9	2	机构 2	20	23	30	35	3
机构 9	3	4	13	1	6	机构 5	21	18	18	19	27
机构 6	4	9	12	25	1	机构 24	22	31	22	15	31
机构 22	5	3	4	3	15	机构 11	23	19	27	23	14
机构 13	6	7	5	2	16	机构 33	24	25	21	28	10
机构 26	7	12	7	4	23	机构 8	25	10	26	30	17
机构 35	8	22	8	6	5	机构 19	26	28	24	18	25
机构 25	9	5	9	7	9	机构 16	27	30	19	27	19
机构 14	10	16	10	5	18	机构 3	28	27	28	22	32
机构 18	11	11	6	12	20	机构 21	29	29	31	20	29
机构 1	12	8	2	29	7	机构 4	30	26	35	31	8
机构 31	13	6	16	16	11	机构 29	31	24	29	32	21
机构 20	14	14	11	14	24	机构 27	32	32	25	26	28
机构 15	15	20	15	11	22	机构 36	33	34	32	24	33
机构 23	16	21	20	10	13	机构 30	34	33	34	34	35
机构 17	17	17	17	13	30	机构 10	35	35	33	33	34
机构 12	18	15	14	17	26	机构 32	36	36	36	36	36

从创新活动实力看，有 14 家机构活动实力指数排名高于总体实力指数，有 11 家低于总体实力指数，有 11 家不变。有 3 家机构活动实力指数排名与总体实力指数差距 10 名次，即机构 1 高 10 名；机构 9 和机构 2 低 10 名（表 3-6）。

从创新产出实力看，有 19 家机构产出实力指数排名高于总体实力指数，有 12 家低于总体实力指数，有 5 家不变。有 3 家机构产出实力指数排名与总体实力指数差距 10 名次，即机构 2 低 15 名；机构 1 低 17 名，机构 6 低 21 名（表 3-6）。

从创新转化实力看，有 16 家机构转化实力指数排名高于总体实力指数，有 15 家低于总体实力指数，有 5 家不变。有 9 家机构转化实力指数排名与总体实力指数差距 10 名次，高于的有 4 家，低于的有 5 家（表 3-6）。

从规模指标得分率看，创新基础实力指数、创新活动实力指数、创新产出实力指数和创新转化实力指数得分率最大差距分别为 86. 66%、74. 38%、54. 03%、79. 16%。有 4 家机构 4 个分指数均高于平均水平，分别是机构 28、机构 7、机构 9、机构 25；有 3 个分指数高于平均水平的有 10 家机构，这些机构总体实力指数均表现优异。有 13 家机构 4 个分指数均低于平均水平，其相应的总体实力指数均表现较差（图 3-5）。

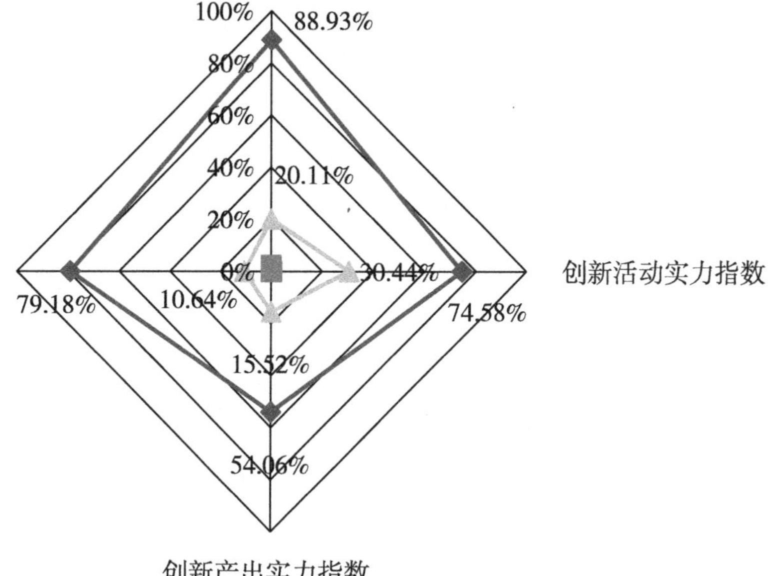

图 3-5 2011—2022 年科技创新实力分指数得分率

三、科技创新效力

（一）科技创新效力指数变化

科技创新效力主要体现创新活动的效率。“十二五”期间效力指数排名前 12 的机构，至“十三五”有 5 家机构下降到第二梯队，有 1 家机构下降到第三梯队。与实力指数相比，不同评估期效力指数排名变化较大。“十三五”与“十二五”相比，36 家科研院所效力指数整体上处于下降趋势，减少-10.00 %。其中效力指数处于增长的有 17 家机构，增长最多的是机构 29，达 134.71%；最少的是机构 19，仅 1.08%。效力指数处于下降的有 19 家机构，下降最多的是机构 6，为 -59.24%；最少的是机构 9，为-6.51%（图 3-6）。

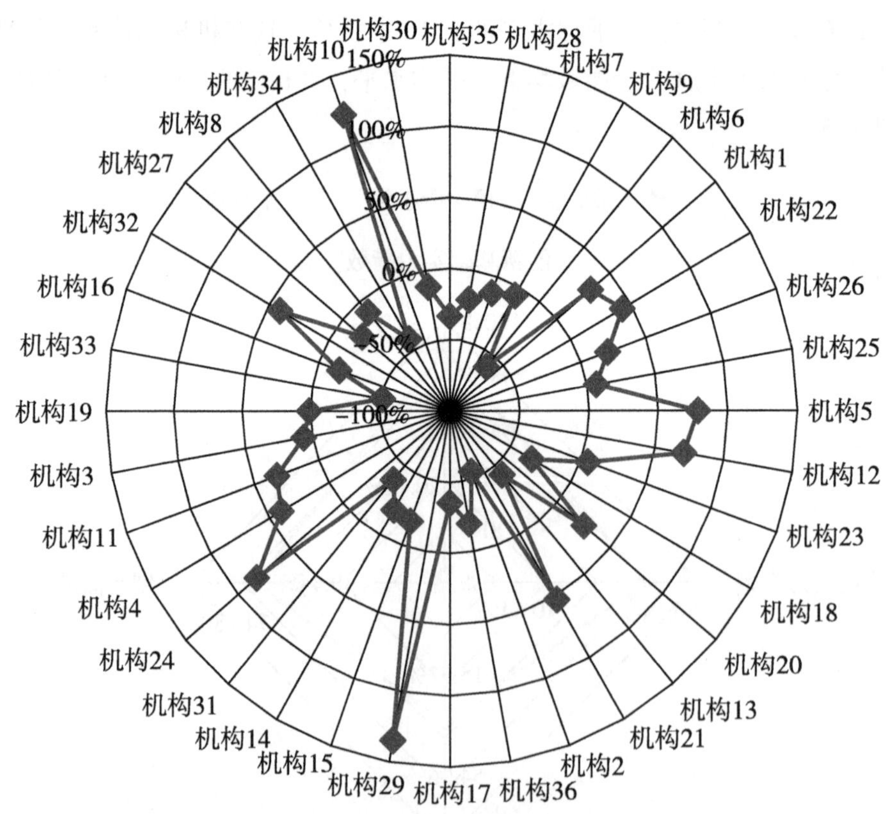

图 3-6 “十三五”科技创新效力指数增长率

注：图中机构以 2011—2020 年科技创新效力指数由高到低顺时针排序，机构 35 位列第 1 名。

（二）科技创新效力指数分解

科技创新效力指数是由创新基础效力指数、创新活动效力指数、创新产出效力指数和创新转化效力指数构成。

从创新基础效力看，有 16 家机构基础效力指数排名高于总体效力指数，3 家高于 10 名次，最多高 18 名。有 16 家低于总体效力指数，有 4 家超过 10 名次，最多低 21 名（表 3-7）。

表 3-7 2011—2020 年科技创新效力指数及分指数排名

科研院所	总体效力指数	创新基础效力指数	创新活动效力指数	创新产出效力指数	创新转化效力指数	科研院所	总体效力指数	创新基础效力指数	创新活动效力指数	创新产出效力指数	创新转化效力指数
机构 35	1	1	11	2	2	机构 17	19	16	16	7	29
机构 28	2	5	2	17	7	机构 29	20	23	9	30	23
机构 7	3	12	1	25	9	机构 15	21	21	31	4	14
机构 9	4	4	3	18	6	机构 14	22	14	25	6	20
机构 6	5	13	15	29	1	机构 31	23	22	17	16	13
机构 1	6	3	8	32	5	机构 24	24	19	24	8	27
机构 22	7	18	4	15	24	机构 4	25	28	27	31	4
机构 26	8	20	6	13	25	机构 11	26	25	21	22	15
机构 25	9	8	18	3	11	机构 3	27	9	30	28	28
机构 5	10	15	7	20	32	机构 19	28	30	32	9	21
机构 12	11	32	5	12	30	机构 33	29	31	33	24	8
机构 23	12	10	20	5	10	机构 16	30	24	35	26	12
机构 18	13	7	12	10	18	机构 32	31	33	19	33	36
机构 20	14	6	10	14	33	机构 27	32	36	29	23	19
机构 13	15	17	23	1	26	机构 8	33	34	28	34	17
机构 21	16	11	13	11	16	机构 34	34	27	36	21	22
机构 2	17	29	14	36	3	机构 10	35	35	26	27	34
机构 36	18	2	22	19	31	机构 30	36	26	34	35	35

从创新活动效力看，有19家机构活动效力指数排名高于总体效力指数，有15家低于总体效力指数，有2家不变。有5家机构活动效力指数排名与总体实力指数差距超过10名次，即机构32高12名，机构29高11名；机构35、机构15、机构6均低10名（表3-7）。

从创新产出效力看，有18家机构产出效力指数排名高于总体效力指数，7家高于10名次，最多高19名。有17家低于总体效力指数，8家超过10名次，最多低26名（表3-7）。

从创新转化效力看，有17家机构转化效力指数排名高于总体效力指数，9家高于10名次，最多高21名。有18家低于总体效力指数，8家超过10名次，最多低22名（表3-7）。

从效率指标得分率看，创新基础效力指数、创新活动效力指数、创新产出效力指数和创新转化效力指数得分率最大差距分别为76.53%、84.26%、62.89%、88.10%。机构35的分指数均高于平均水平；有3个分指数高于平均水平的有8家机构，这些机构总体效力指数均表现较好。有8家机构4个分指数均低于平均水平，其相应的总体效率指数也表现较差（图3-7）。

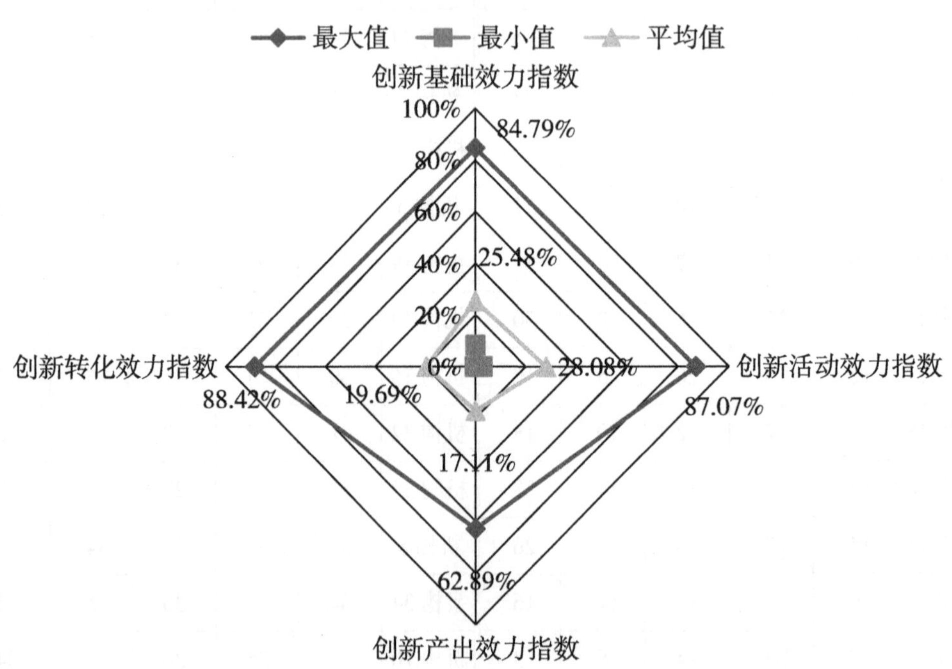

图3-7　2011—2022年科技创新效力分指数得分率

第五节 结论与建议

一是总体上评估期内科研院所科技创新能力处于相对稳定状态，较少出现大幅度波动的情况，这与科研院所科技创新能力需要长期人财物的投入和积累有关，尤其在人才培养方面，很难在短时间内能有大幅度的提升，也不符合科技创新的客观发展规律。因此，在深化科研院所体制机制改革上，要加强顶层设计，做好宏观调控，避免短期行为和重复投入等浪费科技资源问题，特别是涉及到科研院所改制、撤并、退出和新建等改革，更应该科学客观地慎重对待，以保证科研院所的可持续创新发展[1]。

二是科研院所科技创新能力整体水平不高，多数处于中下水平，科研院所间差距明显且难以跨越。科技创新能力表现优异的学科有计量、水产、林业、地理、环境、水稻、牧医、作物、植保、海洋、农业资源、果树等学科。表现较差的学科有体育、地区生物、地区水产、热带作物、测试、标准、农业信息、抗癌研究、科技信息、水利水电、农业标准、医学等学科。另外机构 32 科技活动人员才 6 人，制约其发展的主要问题在于整体规模偏小，尚未达到适度规模状态[41]。

三是科研院所科技创新能力在很大程度上取决于总量指标，一个小规模的科研院所即使内部科研人员个个都比较优秀，但在学科宽度深度上与规模较大的科研院所也是不可比的[28]。研究表明规模性指标表现优秀的科研院所，相对性指标大多数也表现良好，如机构 7 和机构 28 的实力和效力指数均位列前 3；而机构 10 和机构 30 的实力和效率指数均处于最后。机构 35 的高效率促进了创新能力的发展，而机构 34 的低效率显著阻碍了创新发展。因此，在关注总量指标基础上，也要重视人均指标、速度指标和比例指标等效率问题，还要考虑科研院所内部管理问题，即科研人员之间的均衡发展。

四是评估期内科研院所科技创新在规模上处于增长趋势，这与近年来国家财政加大对公益类科研院所的稳定支持有关，如 2011—2020 年科技活动投入年均增长为 7.49%，其中财政拨款、承担政府科研项目收入年均增长分别为 7.75%、11.64%。在效率方面反而表现为下降趋势，2002 年，福建省省属科研院所管理体制分类改革后，公益类科研院所科研产出效率和公共服务能力，以及面向产业需求和与市场对接能力成为亟待解决的问题，但近 20 年的改革发展，该问题并没有得到明显的改善，根据测算创新效率反而处于下降态势。

参考文献

[1] 丁中文，池敏青，刘宇峰. 福建省属公益类科研机构建设机制研究［M］. 北京：中国农业科学技术出版社，2020.

[2] 龚金星. 开展综合评价，改善宏观调控［J］. 科技管理研究，1994（6）：11-13.

[3] 刘建设，贾跃峰. 内蒙古自治区农业科研院所综合评估分析［J］. 科学管理研究，1997，15（6）：71-73.

[4] 黄明儒，汤兵勇，穆方旭. 科研机构科技活动绩效综合评价研究［J］. 哈尔滨建筑工程学报，1992，25（1）：92-97.

[5] 韩森. 关于国内外科研机构评价的比较分析［J］. 科技管理研究，1992（1）：21-25，3.

[6] 柴国荣，徐渝，董书宁. 大型科研院所的综合竞争力评价研究［J］. 科研管理，2006，27（3）：110-115.

[7] 赵历男，翁悦军，闫循民，等. 科研院所综合实力评价指标体系研究与应用［J］. 数量经济技术经济研究，2003（7）：145-149.

[8] 申丹娜，李研. 气象科研院所科技创新能力评价与方法研究［J］. 科技促进发展，2018，14（5）：350-355.

[9] 黄崇江，刘霞. 科研院所科技评估体系的实证分析探讨［J］. 科研管理，2018，39（专刊）：57-60.

[10] 何颖波，王建，李洛军，等. 国防科研院所科技创新能力评价研究［J］. 科研管理，2016，37（3）：68-72.

[11] 杨勇福，骆艺，黄洁容，等. 农业科研院所科技创新评价体系的构建［J］. 科技管理研究，2020（13）：136-141.

[12] 胡慧英，申红芳，廖西元，等. 农业科研机构科技创新能力的影响因素分析［J］. 科研管理，2010，31（3）：78-88.

[13] 申红芳，廖西元，陈金发. 国家级农业科研机构科技生产力评估［J］. 2009，30（6）：163-171.

[14] 张凤，霍国庆. 国家科研机构创新绩效的评价模型［J］. 科研管理，2007，28（2）：35-42.

[15] 范伟勇，吴磊琦. 科研院所创新能力提升评价研究：以浙江省为例［J］. 2011，28（22）：118-122.

[16] 孟溦，李强，刘文斌. 基于 3E 理论构建科研机构评价指标体系［J］. 科学学研究，2007，25（5）：908-914，852.

[17] 姜丽华，谢能付，刘世洪. 农业科研机构科技创新能力评价研究［J］. 中国农学通报，2015，31（26）：266-273.

[18] 李强，韩伯棠，翟立新. 公共科研机构绩效评价测度体系研究［J］. 科学学研究，2006，24（2）：243-248.

[19] 刘君，许斌，姚笑秋，等. 科研院所创新能力提升评价研究与应用［J］. 科技管理研究，2012（7）：49-53.

[20] 张卫国，欧晨，刘勇军. 基于 LEPP-FAHP 的科研机构创新能力评价模型：广东省科研机构为样本的应用研究［J］. 科技管理研究，2017（21）：70-76.

[21] 陆建中，李思经. 农业科研机构自主创新能力评价指标体系研究［J］. 中国农业科技导报，2011，13（4）：1-6.

[22] 刘彤，郭鲁刚，时艳琴. 以新型科研机构为导向的科研院所创新发展评价指标体系研究［J］. 科技管理研究，2014（1）：91-95.

[23] 李柏洲，周森. 科研院所创新行为与区域创新绩效间关系研究［J］. 科学学与科学技术管理，2015，36（1）：75-87.

[24] 尼鲁帕尔·迪力夏提，郭静利. 国家级农业科研院所科研效率评价及其影响因素：基于 DEA-Malmquist-Tobit 模型［J］. 科技管理研究，2021（18）：66-72.

[25] 刘敏，万丽娟. 中国农业科技创新绩效的地区差异研究：对农业科研机构创新绩效的实证分析［J］. 重庆大学学报（社会科学版），2019，25（2）：28-36.

[26] 李柏洲，董恒敏. 协同创新视角下科研院所科技资源配置能力研究［J］. 中国软科学，2018（1）：53-62.

[27] 李雨晨，陈凯华，张艺. 科技创新能力测度结果的指标选取差异性研究［J］. 科学学与科学技术管理，2017，38（4）：3-15.

[28] 俞立平，潘云涛，武夷山. 科研机构总量评价指标的改进研究：基于规模、质量、均衡的视角［J］. 图书情报工作，2010，54（24）：27-30，84.

[29] 杜军，马永红. 科研院所核心竞争力分析与测评［J］. 哈尔滨工业大学学报，2014，46（9）：116-122.

[30] 查道林. 国家科技创新主体的比较研究［J］. 中国软科学，2008（2）：144-152.

[31] 温珂，刘意，潘韬，等. 公立科研机构在国家创新系统中的角色研究［J/OL］. 科学学研究，2022. https://doi.org/10.16192/j.cnki.1003-2053.

[32] 才让，高振，刘骁. 高等院校与科研院所的职能定位和实际作用［M］. 北京：经济科学出版社，2014.

[33] 毕琳，赵瑞君. 黑龙江省科研院所科技自主创新能力的评价与实证研究［J］. 哈尔滨工程大学学报，2008，29（11）：1241-1244.

[34] 张卫国，柴瑜，曹万立. 公益类科研院所科技创新能力评价实证研究［J］. 重庆大学学报（社会科学版），2012，18（1）：77-82.

[35] 杨刚，彭涵. 创新链视角下高校教师科技创新能力：结构、成长困境与培育路径［J］. 现代教育管理，2022（7）：75-86.

[36] 穆荣平，陈凯华. 2019 国家创新发展报告［M］. 北京：科学出版社，2020.

[37] 池敏青，翁志辉，李晗林. 省级公益类科研院所科技生产力评估与发展思考［J］. 科学管理研究，2017，35（3）：45-49.

[38] 陈耀，赵芝俊，高芸. 中国省域农业科研机构科技创新效率及影响因素分析［J］. 浙江农业学报，2020，32（4）：731-741.

[39] 戚湧，李千目. 科学研究绩效评价的理论与方法［M］. 北京：科学出版社，2009.

[40] 潘丹，李永周，王晓洁. 高校科技创新能力比较研究：基于组合评价法和 K 均值聚类的分析［J］. 中国高校科技，2020（5）：30-34.

[41] 池敏青，许正春，刘健宏，等. 福建省属公益类农业科研院所科技资源配置效率研究［J］. 福建农业学报，2016，31（12）：1368-1373.

第四章

福建省属公益类科研院所科技创新效率测度

创新链研究能够反映创新链上不同阶段的完整信息，即实现深入系统内部研究科技创新行为不同阶段的异质性和创新效率。本章基于创新链理论，运用 DEA-Malmquist 指数法，分析 36 家福建省属公益类科研院所 2011—2020 年科技研发阶段和成果转化阶段的科技创新效率，并将科研院所划分为 4 种创新资源利用模式，为有效评估科研院所科技创新效率提供参考依据。

第一节　相关背景

2020 年 4 月，习近平总书记在陕西考察时强调："要围绕产业链部署创新链，围绕创新链布局产业链，推动经济高质量发展迈出更大步伐"。创新链管理成为新发展阶段各创新主体提升创新治理效能与抵抗外部风险冲击的有效工具。在创新链管理体系中，公立科研院所是重要的创新主体。当前我国公立科研院所多以事业单位的体制机制运行，缺乏嵌入创新链管理，暴露出纵向融入产业创新链能力偏弱、横向与其他主体协同创新机制尚未形成、科技创新成果转化匮乏等创新问题。因此，立足创新链研究公立科研院所科技创新效率及其影响因素，关系到新发展阶段公立科研院所创新绩效以及创新引领高质量发展，具有重要的理论和现实意义。

目前福建省共有 36 家省属公益类科研院所，呈现出管理部门多、学科领域广、规模差异大、发展历程不一样以及研究工作多样化等特点。近年来，福建省属公益类科研院所科技体制机制改革稳步推进，围绕赋予科研机构和科技人员更大自主权，《福建省人民政府关于进一步支持省属科研机构加快创新发展的若干意见》（闽政〔2013〕28 号）、《福建省科学技术厅等四部门印发〈关于进一步促进高校和省属科研院所创新发展政策贯彻落实的七条措施〉的通知》（闽科综〔2019〕7 号）等政策措施先后出台，持续投入省属公益类科研院所基本科研专项资金，进一步引导和激励科研院所提升创新创业创造能力，为推进福建经济社会发展提供了有力支撑。2020 年，福建省属公益类科研院所科技活动收入 109 746 万元，比 2011 年增长 88.83%，其中承担政府科研项目收入增长 167.59%。截至 2020 年底，科学仪器设备达 89 322.5 万元，是 2011 年的 2.46 倍。同期 R&D 人员年均增长 3.27%，R&D 经费内部支出年均增长 14.02%。在取得成效同时仍存在高层次人才不足、科技产出差距大、成果转化收益少、社会公益性趋弱等创新发展瓶颈。创新链为新发展格局下创新迈向科技高水平自立自强提供新范式，因此，本章基于创新链理论，分析福建省属公益类科研院所不同阶段科技创新效率，针对性找出创新薄弱点，为提升科研院所科技创新效率提供决策参考。

第二节　研究现状

一、科研院所科技创新效率评估

科研院所科技创新效率历来是学者们关注的重点，最初研究主要针对科研院所内部进行绩效评估，涉及科研投入产出效率、科研产出影响力、科技创新能力等，包括指标体系构建，评估方法创新，评估结果使用等[1-4]。目前重点关注使命导向评估和协同创新评估。使命导向评估重点研究绩效评估与组织战略之间的逻辑关系，在基于“目标-过程-结果”评估模式下[5]，提出基于战略地图构建国立科研院所绩效评估指标体系，将战略转化为具体的行动举措和相应的绩效评估体系[6]，同行评议对科研院所战略发展与绩效管理起着至关重要的作用[7]。协同创新评估主要研究协同创新下科研院所价值创造、创新活跃度及影响因素等，其中资金来源结构、应用导向和跨学科研究是影响价值创造效率的 3 大因素[8]，只有当研发禀赋结构处于合理区间时，协同创新才能有效提高科研院所创新产出，其影响是非线性的[9]，组织声誉、联盟经验和网络中心性是影响科研院所产学研合作协同创新绩效的影响因素[10]。可见，现有文献多将科研院所科技创新作为整体系统研究，仅关注初期投入与最终产出之间的关系，且多用某些指标来代替整体情况，缺乏从创新链这一重要视角，深入系统内部研究创新链不同阶段的科技创新效率及影响因素。

二、基于创新链的创新效率评估

基于创新链的创新效率评估，学术界主要从以下方面开展。一是创新阶段划分探讨。创新价值链理论是由 Hansen et al. 于 2007 年首次提出，认为创新价值链是创意从产生、转换、传播的一个循序渐进过程[11]。创新链模式从线性向非线性以及循环结构演化[12]，当前有两阶段、三阶段到九阶段等多种阶段论，不同节点存在脱节现象[13]，断点主要发生在技术成果转化和产业商品化，但不排除其他节点，链的强度取决于最弱一环[14]。创新是通过创新链得以实现，创新链断裂导致科技经济出现困局的观点受到学术界认可。二是创新效率实证研究。学者们基于创新链阶段论的不同内涵，从区域、产业和创新组织等层面对创新效率开展实证评估。首先，宏观区域层面既有从三阶段理论测度国内 30 个省份[15、16]、国际 36 个海洋国家[17]等创新水平，也有从两阶段理论分析国内省域间[18]、黄河流域[19]和长三角城市群[20]等创新效率。其次，中观产业层面分别从两阶段和三阶段内涵出发，重点关注制造业[21、22]、高技术产业[23-25]的创新效率。再次，微观组织层面主要运用两阶段理论研究企业创新效率，如创业板上市中小企业[26]、沪深 A 股资源型上市公司[27]、中型高技术企业[28]等。

将创新链思维用于测度高校和科研院所创新效率的研究较少，仅见何声升[29]运用分位数回归模型检验各因素对高校科技创新研究与开发、成果转化两阶段的创新影响，发现我国高校科技创新呈现阶梯化和集聚化的空间分布特征。初旭新等[30]利用超效率 SBM 模型从知识创新、科研创新和创新收益三阶段分析高校科技创新效率，显示中国高校科技创新各阶段效率及总体效率偏低，且知识创新效率＞科研创新效率＞创新收益效率。Xiong 等[31]利用两阶段动态 DEA 模型测算中国科学院科研机构的创新效率，表明创新整体效率与商业化效率的关系更为密切。因此，已有文献多以企业、产业或区域为研究对象，鲜有研究从创新链管理范式关注地方公立科研院所的科技创新效率问题。

第三节　研究思路、变量选取和研究方法

一、研究思路

省属公益类科研院所是以向全社会提供公共技术和公益服务为主要任务的科研机构，多数承担着多样化的研究工作且处于创新链不同环节，包括应用基础研究、技术开发应用和公益技术服务等。研究借鉴 Hansen 等[11]将创新价值链分为创意的产生、转换和传播 3 个阶段，并参考前人研究成果[15、21]，将科研院所科技创新活动分解为科技研发阶段和成果转化阶段，构建科研院所科技创新多投入、多产出、多环节，且各个环节紧密相连的逻辑结构，进而分析科研院所不同阶段科技创新效率（图 4-1）。

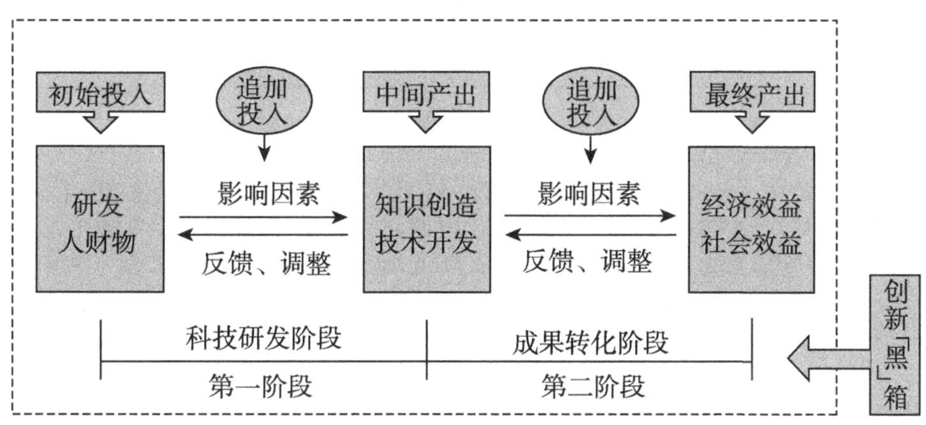

图 4-1 科研院所科技创新两阶段逻辑结构

二、数据来源及说明

数据来源于科学技术部《科技机构统计年报》（STS 表）和福建省科学技术厅《福建省属公益类科研院所采集表》，及相关主管部门官方网站、中国知网等专业学术网站等。为保护研究对象隐私，分别以机构 1、机构 2、机构 3……机构 36 代表各科研院所。

三、变量选取

（一）科技研发阶段

一是投入指标，即初始投入。该阶段主要涉及研发相关的人财物投入。R&D 是指增加知识存量以及设计已有知识的新应用而进行的新颖性、创造性、系统性工作，是科研院所初期人财物研发投入强度的重要衡量标准，也是国际上通用的指标。研究以 R&D 人员折合全时工作量和 R&D 经费内部支出衡量初期研发投入强度[15,29]。

二是产出指标，即中间产出。该阶段由 R&D 活动产出构成，主要有知识创造和技术开发两部分。其中论文论著反映了科研院所科技活动中知识创新程度，也是凝聚研究者对知识探索和创造的劳动成果。知识产权和行业技术是反映科研院所掌握核心技术开发的能力，是形成核心竞争力的重要来源。研究以论文论著衡量知识创新水平，以专利、品种权、新药证书、标准等衡量技术创新程度[15,32]。为全面衡量不同行业科研院所的创新产出，依据不同创新成果水平，采用系数加权法进行指标赋值[33]（表4-1）。

表4-1 中间产出指标的系数赋值

项目	指标系数赋值
论文论著	论文［13×SCI（1区）论文数+9×SCI（2区）或SSCI论文数+7×SCI（3区）论文数+5×SCI（4区）、国内三大核心期刊源（中文核心、CSCD、CSSCI）论文数+1×其他论文数］+论著［9×专著、译著等数量+7×编著（不包括汇编）等数量］
知识产权	7×植物新品种权授予数+5×发明专利授权数+3×实用新型专利授权数+1×（外观设计专利授权数 +计算机软件著作权授权数+集成电路布图设计权授权数+商标权授权数）
行业技术	［10×国家品种审定数+7×省级品种审定数+7×国家品种认定（鉴定、登记）数+5×省级品种认定（鉴定、登记数）］+［（20×新（兽）药一类证书数+15×新（兽）药二类证书数+10×新（兽）药三类证书数+7×（注册批件数+临床试验批件数）］+［10×主导国家标准数+7×主导行业标准数+5×主导地方标准数］

（二）成果转化阶段

一是投入指标，即中间产出和追加投入。科技研发阶段的知识创造和技术开发与科研院所后期创造经济社会效益有着密切关系，即第一阶段的产出变量也是第二阶段的投入变量，同时第二阶段同样需要人力和财力的追加投入。研究选择应用推广课题人员折合全时工作量和应用推广课题经费投入作为追加投入，其中应用推广课题包括研究与试验发展成果应用课题和科技服务课题[25]。

二是产出指标，即最终产出。该阶段的产出指标主要体现在经济效益和社会效益方面。技术性收入主要是指企事业单位和社会团体利用自有资金委托科研院所开展科学技术活动所获得的资金，包括技术开发、技术转让、技术咨询、技术服务、学术活动和科普活动等收入，是科研院所科技创新转化为经济效益的最直接体现。对外科技服务是公益类科研院所重要的社会效益指标，主要包括科技成果的示范推广工作，为用户提供可行性报告、技术方案、建设及技术论证等技术咨询工作，地形、地质和水文考察、天文、气象和地震的日常观察，为社会和公众提供的检验、检疫、测试、标准化、计量、计算、质量控制和专利服务，科技信息和文献服务，其他科技服务活动等[32,33]。

因此，研究构建了包括初始投入、中间产出、追加投入和最终产出的 9 个投入产出指标（表 4-2）。

表 4-2 两阶段变量选取及描述性统计

创新阶段	具体变量	平均值	标准偏差	最大值	最小值
初始投入	① R&D 人员折合全时工作量（人·年）	48.014	43.382	284.000	0.000
	② R&D 经费内部支出（万元）	14 598.922	27 234.610	396 624.000	0.000
中间产出	③ 论文论著（分）	93.650	106.385	940.000	0.000
	④ 知识产权（分）	24.894	38.553	304.000	0.000
	⑤ 行业技术（分）	11.731	29.812	290.000	0.000
追加投入	⑥ 应用推广课题人员折合全时工作量（人·年）	14.409	15.605	93.500	0.000
	⑦ 应用推广课题经费投入（万元）	2 968.017	4 228.926	28 393.000	0.000
最终产出	⑧ 技术性收入（万元）	3 081.625	6 555.862	48 394.000	0.000
	⑨ 对外科技服务工作量（人·年）	31.802	54.649	738.000	0.000

注：指标数据为 2011—2020 年累计数据。

四、研究方法

目前国内学者主要用于测度创新效率方法有因子分析定权法[35]、随机前沿分析[36]等参数法，超效率 DEA 模型[20]、DEA-Malmquist 指数法[24]、超效率 SBM 模型[30]等非参数法。科研院所是一个典型的多投入、多产出、多环节系统，它们之间关系很难用确切的函数表示，而数据包络分析法是一种分析多投入、多产出决策单元是否技术有效的非参数法。为深入分析科研院所创新效率时序变化和主要影响因素，研究采用多数学者认为相对合理、应用最广泛的 DEA-Malmquist 指数法。该方法是时间序列动态 DEA 效率评价的主要工具，能够反映决策单元在时间序列中全要素生产率变化，已被广泛应用于金融、医疗、农业、工业等部门生产效率测算和比较研究。

研究将各科研院所作为一个决策单元，采用产出导向的 DEA 模型［建立在可变规模报酬（VRS）基础上］，通过软件 DEAP2.1 计算各种距离函数来测算 Malmqiust 指数及其组成。测算指数可大于 1、等于 1 和小于 1，分别表示进步、无变化和退步。测算指数包括全要素生产率指数（TFPC）、技术效率指数（TEC）、技术进步指数（TC）、纯技术效率指数（PEC）、规模效率指数（SEC），各指数间关系如下：

$TFPC = TEC \times TC$

$TEC = PEC \times SEC$（在可变规模报酬前提下）

$TFPC = PEC \times SEC \times TC$

在不变规模报酬且要素自由处置条件下，全要素生产率指数（TFPC）可分解为技术效率指数（TEC）、技术进步指数（TC），即 $TFPC = TEC \times TC$，其中全要素生产率指数（TEPC）是科学技术进步和科技资源配置效率提高的综合体现，代表了科研院所在不同时期受到科技政策变化、科技体制改革等外部因素及科研院所内部因素综合影响而改变资源配置效率。技术效率指数（TEC）反映了在一定投入情况下获得最大科研产出的能力，表征科研院所自身科技资源配置合理化和科技投入产出规模扩大的共同作用下引起创新效率提高。技术进步指数（TC）体现了由于科技政策、科技体制改革等外部因素变动引起创新效率的变化[32]。

如果放松固定规模报酬的假设，技术效率指数（TEC）可分解为纯技术效率指数（PEC）和规模效率指数（SEC），即 $TEC = PEC \times SEC$，在不考虑外部因素情况下，纯技术效率指数（PEC）体现了科研院所自身对各种科技资源合理组合配置的能力，规模效率指数（SEC）反映了科研院所科技投入和产出的规模变动情况[32]。

第四节　实证结果与分析

一、年度间科技创新效率分析

（一）整体科技创新效率

经测算，得出 2011—2020 年科研院所整体和分阶段全要素生产率指数及其分解指数结果（表 4-3）。

从整体科技创新效率看，科研院所 TFPC 均值 0.795，TEC 均值 1.365，TC 均值0.582，表明 TFPC 降低 20.50%、TEC 升高 36.50%、TC 降低 41.80%。可见，科研院所技术效率虽有明显提升，但技术进步总体表现为大幅下降，且是导致全要素生产率降低的主要原因；同时促进技术效率提高的主要因素是规模效率的快速增长（表 4-3）。

整体科技创新 TFPC 大于 1 的有 4 个年度，小于 1 的有 5 个年度。TFPC 在 2019—2020 年度最大，达 11.415；最小是 2018—2019 年度，TFPC 仅 0.049，相差 11.366，可见，整体科技创新效率年度间波动较大，有较大提升空间，且各年度间的主要制约因素也不同（表 4-3）。

表 4-3　2011—2020 年全要素生产率指数及其分解指数

年份	科技创新效率					科技研发阶段					成果转化阶段				
	TFPC	TEC	TC	PEC	SEC	TFPC	TEC	TC	PEC	SEC	TFPC	TEC	TC	PEC	SEC
2011—2012	1.935	0.986	1.962	0.462	2.133	1.440	1.063	1.355	0.940	1.130	1.075	0.569	1.888	0.554	1.027
2012—2013	0.203	0.508	0.400	1.349	0.377	0.647	0.893	0.724	1.140	0.784	0.452	1.398	0.324	1.565	0.893
2013—2014	0.785	1.326	0.592	2.306	0.575	0.867	5.994	0.145	0.952	6.294	1.003	0.964	1.040	1.488	0.648
2014—2015	1.021	1.333	0.766	1.033	1.291	1.460	0.139	10.473	0.830	0.168	0.562	1.853	0.303	1.063	1.743
2015—2016	0.389	0.479	0.812	0.597	0.802	0.753	6.503	0.116	0.878	7.409	1.044	0.567	1.840	0.646	0.878
2016—2017	2.059	2.531	0.813	1.645	1.538	0.921	0.728	1.265	0.940	0.774	1.577	1.348	1.170	1.265	1.066
2017—2018	0.902	43.648	0.021	0.856	51.011	0.863	2.009	0.430	0.995	2.019	1.483	0.995	1.491	0.942	1.057
2018—2019	0.049	0.092	0.531	0.080	1.144	0.919	1.366	0.673	1.191	1.148	0.161	0.145	1.108	0.133	1.089
2019—2020	11.415	3.836	2.976	8.442	0.454	0.998	1.219	0.818	1.020	1.195	8.891	4.178	2.128	5.343	0.782
均值	0.795	1.365	0.582	0.981	1.391	0.953	1.325	0.719	0.981	1.350	0.995	0.954	1.043	0.969	0.985

十年间，整体科技创新 TFPC 变动较大的有两个阶段，第一阶段是 2017—2018 年度，SEC 的大幅增长引起 TEC 的提升，但由于 TC 仅 0.021，TFPC 为 0.902，仍表现为略有下降。第二阶段是 2019—2020 年度，同时处于大幅增长趋势的 TEC 和

TC，促进了 TFPC 提升至 11.415，其中 PEC 的大幅进步是引起 TEC 进步的主要因素。从上述两个阶段变化可以看出，技术效率和技术进步的共同正向叠加，才能稳定促进科研院所全要素生产率的增长（图 4-2）。

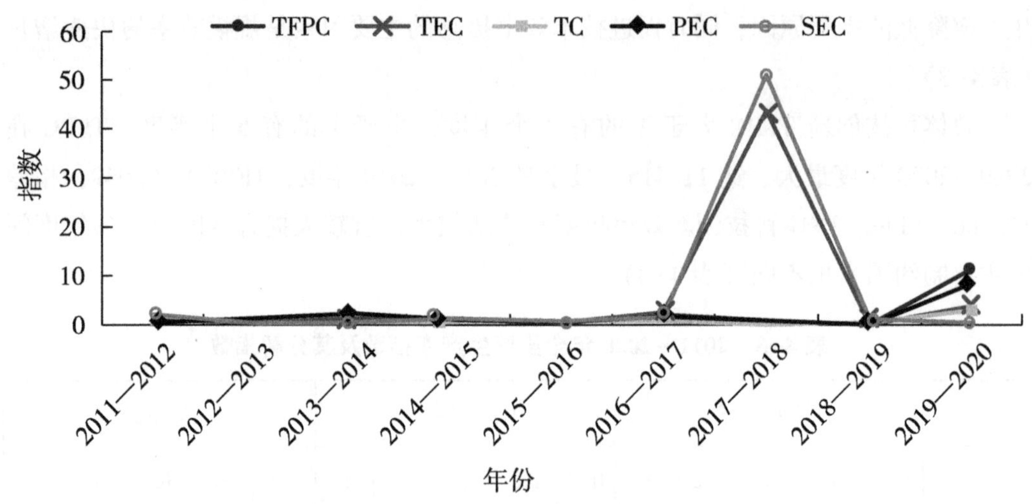

图 4-2　2011—2020 年整体全要素生产率变化趋势

（二）科技研发阶段科技创新效率

从科技研发阶段看，科研院所 TFPC 均值 0.953，TEC 均值 1.325，TC 均值 0.719，表明 TFPC 降低 4.70%、TEC 升高 32.50%、TC 降低 28.10%。同整体科技创新效率一样，该阶段科研院所技术效率明显进步，但技术进步总体表现为下降趋势，且是导致全要素生产率降低的主要因素；同时规模效率的增长是引起技术效率提高的关键原因（表 4-3）。

科技研发阶段科技创新效率年度间发展不平衡，TFPC 大于 1 的有 2 个年度，小于 1 的有 7 个年度，TFPC 最大值与最小值的差距为 0.813。近十年来多数年份的科技研发效率处于退步状态，各年度间的主要制约因素有差异（表 4-3）。

十年间，科技研发阶段科技创新效率变动突出的有三个阶段。2013—2014 年度和 2015—2016 年度变动情况表现一致，均是由 SEC 大幅上升促进 TEC 的快速增长，但由于 TC 表现较差，时期内 TFPC 反而处于下降状态。2014—2015 年度 TC 表现为大幅增长，虽然 TEC 表现不佳，但仍促进了 TFPC 上升。从特殊阶段分析可知，科技研发阶段科技创新效率主要受代表外部因素的技术进步影响（图 4-3）。

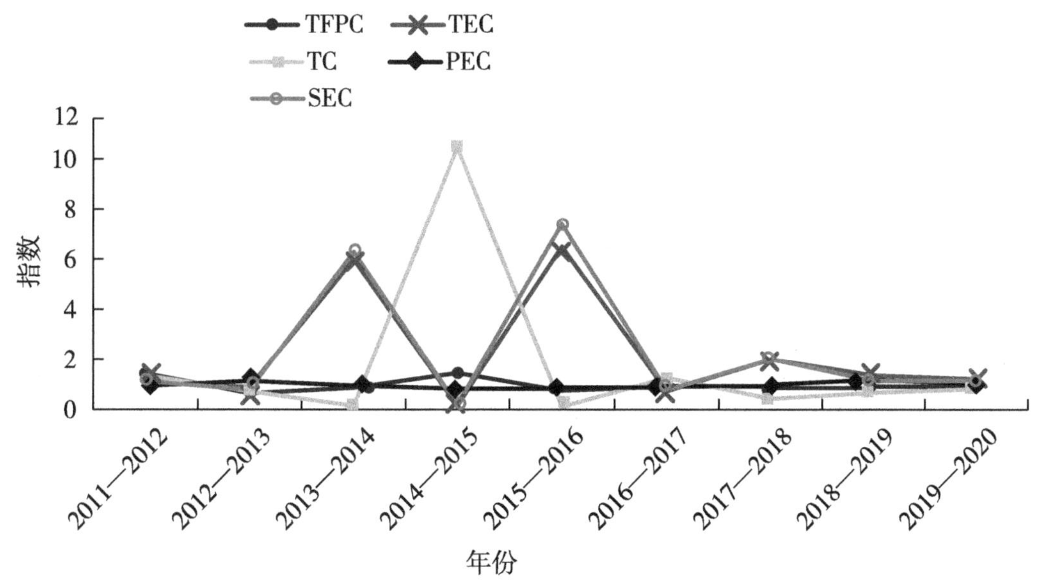

图 4-3　2011—2020 年科技研发阶段全要素生产率变化趋势

（三）成果转化阶段科技创新效率

从成果转化阶段看，科研院所 TFPC 均值 0.995，TEC 均值 0.954，TC 均值 1.043，表明 TFPC 降低 0.50%、TEC 降低 4.60%、TC 升高 4.30%。与整体科技创新效率和科技研发阶段科技创新效率不同，该阶段科研院所技术进步处于上升状态，但技术效率表现为下降趋势，且是导致科研院所全要素生产率下降的主要因素；同时影响技术效率的纯技术效率和规模效率均小于 1，处于退步状态（表 4-3）。

成果转化阶段科技创新效率年度间发展差异大，TFPC 大于 1 的有 6 个年度，小于 1 的有 3 个年度，TFPC 最大值与最小值的差距为 8.730。相对于科技研发阶段，该阶段多数年份表现为进步状态，但同样存在各年度间影响因素不一样的情况（表 4-3）。

十年间，2019—2020 年度变化明显，TFPC 上升较大，主要是由于 TEC 和 TC 的共同增长引起，其中 PEC 的大幅提高是引起 TEC 上升的主要因素。从特殊阶段分析可知，代表内外因素的技术效率和技术进步同时促进成果转化阶段科技创新效率的提升（图 4-4）。

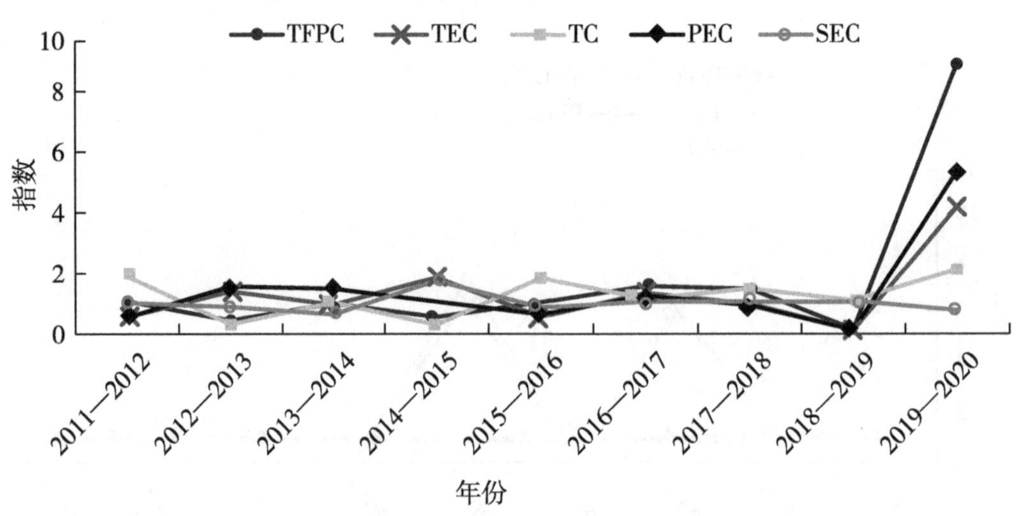

图 4-4　2011—2020 年成果转化阶段全要素生产率变化趋势

二、科研院所间科技创新效率分析

经测算，得出各科研院所整体和分阶段全要素生产率指数及其分解指数结果（表 4-4）。

整体科技创新方面，TFPC 小于 1 的科研院所有 28 家，即 77.78%的科研院所处于全要素生产率下降趋势。其分解指数 TEC 大于 1 的科研院所有 30 家，比例较高；TC 大于 1 的为 0，可见该阶段所有科研院所技术进步处于退步状态。TFPC 最高的是机构 9，指数达 1.415，主要依靠 TEC 的增长；最低的是机构 30，TEPC 为 0.349，受到 TEC 和 TC 共同下降的影响。最大值和最小值相差 1.066（表 4-4）。

科技研发阶段，TFPC 大于 1 的科研院所有 21 家，58.33%的科研院所处于全要素生产率增长趋势。其分解指数 TEC 大于 1 的科研院所有 29 家，TC 大于 1 的科研院所为 0，可见该阶段所有科研院所技术进步处于退步状态。TFPC 最高的是机构 12，指数为 1.389，主要依靠 TEC 的增长；最低的是机构 30，TFPC 值为 0.429，受到 TEC 和 TC 共同下降的影响。最大值和最小值相差 0.960（表 4-4）。

成果转化阶段，TFPC 小于 1 的科研院所有 23 家，超过 63.89%的科研院所处于全要素生产率下降趋势。其分解指数 TEC 小于 1 的科研院所有 21 家，TC 小于 1 的有 15 家，可见该阶段技术效率处于退步的科研院所较多。TFPC 最高的是机构 34，指数为 1.843，主要依靠 TEC 的增长；最低的是机构 1，TFPC 值为 0.519，主要受 TC 下降的影响。最大值和最小值相差 1.324（表 4-4）。

表 4-4　36 家科研院所全要素生产率指数及其分解指数

院所名称	科技创新效率					科技研发阶段					成果转化阶段				
	TFPC	TEC	TC	PEC	SEC	TFPC	TEC	TC	PEC	SEC	TFPC	TEC	TC	PEC	SEC
机构 1	0.665	1.228	0.542	0.990	1.240	0.817	1.267	0.645	0.859	1.476	0.519	1.000	0.519	1.000	1.000
机构 2	0.477	0.875	0.545	0.995	0.879	0.576	0.852	0.676	0.860	0.991	0.690	1.000	0.690	1.000	1.000
机构 3	0.537	0.991	0.542	1.020	0.971	0.451	0.964	0.468	1.000	0.964	0.881	1.029	0.856	1.029	1.000
机构 4	0.790	1.238	0.638	1.238	1.000	0.702	0.946	0.742	1.000	0.946	1.130	1.246	0.906	1.246	1.000
机构 5	0.811	1.544	0.525	1.149	1.344	0.862	1.224	0.704	0.834	1.467	0.963	1.124	0.856	1.124	1.000
机构 6	0.803	1.583	0.507	0.984	1.609	1.284	1.782	0.721	1.113	1.601	0.998	0.949	1.052	0.949	1.000
机构 7	0.723	1.262	0.573	0.877	1.439	1.061	1.316	0.806	0.959	1.372	0.991	0.912	1.087	0.851	1.071
机构 8	0.419	0.781	0.536	0.828	0.943	0.541	0.868	0.622	0.876	0.991	0.833	0.866	0.961	0.866	1.000
机构 9	1.415	2.149	0.659	1.395	1.541	1.121	1.470	0.762	1.000	1.470	1.030	0.927	1.111	1.304	0.711
机构 10	0.784	1.277	0.614	1.295	0.986	0.713	0.973	0.732	1.094	0.889	1.310	1.228	1.066	1.228	1.000
机构 11	0.978	1.490	0.656	0.901	1.653	1.099	1.422	0.773	1.143	1.243	0.883	0.864	1.022	0.905	0.955
机构 12	0.936	1.434	0.652	1.000	1.434	1.389	1.547	0.898	0.978	1.581	0.937	1.000	0.937	1.000	1.000
机构 13	0.812	1.319	0.616	0.944	1.397	1.230	1.567	0.785	1.000	1.567	0.888	0.956	0.929	0.956	1.000
机构 14	0.897	1.354	0.663	0.903	1.499	1.310	1.718	0.763	1.057	1.625	0.963	0.864	1.115	0.903	0.957
机构 15	0.809	1.561	0.518	0.972	1.607	1.137	1.322	0.860	1.043	1.267	1.077	1.006	1.070	1.006	1.000
机构 16	0.741	1.431	0.517	0.990	1.446	0.946	1.519	0.622	1.010	1.505	0.778	0.979	0.795	0.979	1.000
机构 17	0.754	1.286	0.586	0.766	1.679	1.045	1.389	0.752	1.032	1.346	0.677	0.684	0.990	0.684	1.000
机构 18	1.047	1.730	0.605	1.080	1.602	1.000	1.461	0.684	0.990	1.476	0.880	1.012	0.869	1.012	1.000
机构 19	0.905	1.734	0.522	1.076	1.612	1.299	1.629	0.797	1.032	1.578	0.929	1.054	0.881	1.054	1.000
机构 20	1.055	1.826	0.578	1.138	1.605	0.968	1.269	0.763	0.947	1.340	1.777	1.279	1.390	1.099	1.164
机构 21	1.294	2.087	0.620	1.256	1.662	0.845	1.192	0.708	0.946	1.261	1.742	1.235	1.410	1.235	1.000
机构 22	1.199	1.965	0.610	1.239	1.587	1.300	1.674	0.776	1.064	1.573	0.956	0.911	1.049	1.172	0.778
机构 23	0.962	1.665	0.578	1.089	1.529	0.962	1.168	0.824	0.950	1.230	1.325	1.392	0.952	1.132	1.230
机构 24	1.102	1.660	0.664	1.026	1.617	1.325	1.666	0.795	1.083	1.539	0.859	0.772	1.112	0.999	0.773
机构 25	1.128	1.719	0.656	1.065	1.615	1.034	1.302	0.794	0.991	1.314	1.206	1.306	0.923	1.060	1.232
机构 26	1.126	1.742	0.647	1.108	1.572	1.023	1.554	0.658	1.044	1.489	0.951	0.818	1.163	1.050	0.779

（续表）

院所名称	科技创新效率					科技研发阶段					成果转化阶段				
	TFPC	TEC	TC	PEC	SEC	TFPC	TEC	TC	PEC	SEC	TFPC	TEC	TC	PEC	SEC
机构 27	0. 900	1. 441	0. 625	0. 888	1. 623	0. 920	1. 452	0. 633	0. 919	1. 581	0. 910	0. 849	1. 071	0. 849	1. 000
机构 28	0. 840	1. 266	0. 663	0. 844	1. 500	0. 933	1. 122	0. 832	0. 884	1. 270	1. 069	1. 028	1. 040	0. 828	1. 242
机构 29	0. 587	1. 016	0. 578	0. 862	1. 178	1. 075	1. 201	0. 895	0. 857	1. 400	0. 969	0. 876	1. 106	0. 876	1. 000
机构 30	0. 349	0. 768	0. 454	0. 865	0. 888	0. 429	0. 877	0. 489	0. 885	0. 991	1. 060	0. 870	1. 218	0. 870	1. 000
机构 31	0. 752	1. 238	0. 608	0. 852	1. 454	1. 223	1. 541	0. 794	0. 977	1. 577	0. 828	0. 811	1. 021	0. 811	1. 000
机构 32	0. 447	0. 762	0. 587	0. 777	0. 980	0. 638	0. 953	0. 669	0. 995	0. 957	0. 644	0. 813	0. 792	1. 000	0. 813
机构 33	0. 682	1. 204	0. 567	0. 803	1. 500	1. 014	1. 508	0. 672	0. 945	1. 595	1. 201	0. 777	1. 545	0. 777	1. 000
机构 34	0. 908	1. 531	0. 593	1. 029	1. 488	1. 017	1. 423	0. 715	0. 921	1. 545	1. 843	0. 985	1. 872	0. 985	1. 000
机构 35	0. 918	1. 876	0. 490	1. 055	1. 779	1. 196	1. 774	0. 674	1. 013	1. 750	1. 765	0. 991	1. 781	0. 991	1. 000
机构 36	0. 466	0. 890	0. 523	0. 553	1. 611	1. 187	1. 883	0. 630	1. 148	1. 640	0. 833	0. 533	1. 565	0. 533	1. 000
均值	0. 795	1. 365	0. 582	0. 981	1. 391	0. 953	1. 325	0. 719	0. 981	1. 350	0. 995	0. 954	1. 043	0. 969	0. 985

三、科技创新资源利用模式

根据科技研发阶段和成果转化阶段科技创新效率，参考朱慧明等[21]的研究，科研院所科技创新发展模式可以分为 4 类（图 4-5）。

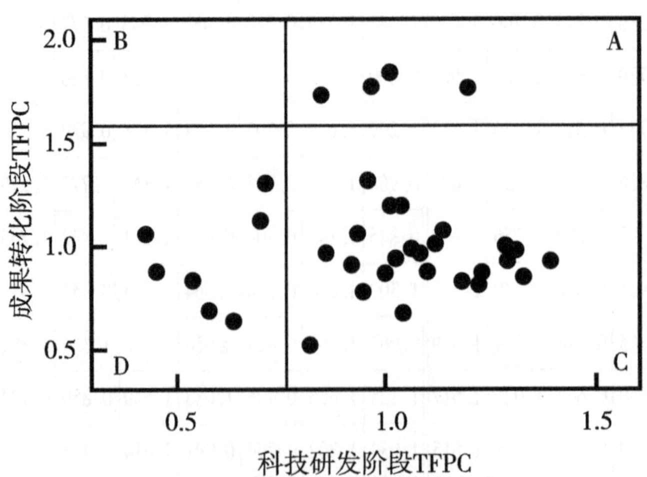

图 4-5　两阶段科技创新效率四分位划分

A 类：集约型。机构 20、机构 21、机构 34、机构 35 属于这一类型，仅占 11.11%，涉及生物、医药、地理等领域。这类科研院所具有良好的科技研发能力和成果转化效率。

B 类：侧重成果转化，科技研发较弱型。无此类科研院所。

C 类：侧重科技研发，成果转化较低型，共 25 家，占 69.44%。这类科研院所前期科技研发有一定的积累，但后期成果转化匮乏。

D 类：粗放型。机构 2、机构 3、机构 4、机构 8、机构 10、机构 30、机构 32 属于这一类型，占 19.44%，涉及安全、标准、测试、信息、地区水产、体育、地区生物等领域。这类科研院所在科技研发和成果转化上均表现较差。

第五节　结论与建议

一是科研院所整体科技创新效率表现为降低状态，两阶段科技创新效率也均为下降。各阶段年度间均存在较大差异，有较大的提升空间，但成果转化阶段全要素生产率大于 1 的年度数量远多于科技研发阶段。体现技术进步的科技政策创新、科技体制改革等外部因素是造成整体和科技研发阶段效率降低的主要因素，体现技术效率的科研院所科技进步和科技资源配置能力等内部因素是影响成果转化阶段效率下降的主要原因。可见，研发创新受到制度、政策、地域、人才等多方面宏观因素影响较多，与国家或区域的科技创新导向、重视程度和采取措施等密不可分，新发展阶段应加快推进科技体制机制改革，运用和制定政策优势，促进科研效率的长效提升。而成果转化更多依赖于科研院所科技资源配置能力和加大科技投入产出规模等内部因素，考验的是科研院所内部管理导向和管理水平，在改善科研院所管理方式、组织形式、要素利用、技术创新等内部因素方面有很大挖掘空间。

二是结合上述分析①，相对于逐年加大投入的科技资源，如 2011—2020 年科技活动经费年均增长 7.32%、人均科技活动经费年均增长 7.66%、科学仪器设备金额年均增长 10.52%，科研院所科技研发能力反而下降，科技资源没有达到最优配置而造成浪费，且缺乏稳定有效的研发成果产出，也直接影响第二阶段成果转化的效率，如 2020 年品种审（认、鉴）定和登记 102 项，占 2011—2020 年的 23.78%，是最少年份的 7.29 倍；2019 年和 2020 年软件著作权数量占 2011—2020 年的 71.26%。

① 第二章主要创新指标态势分析。

另外，近十年来科研院所技术性收入年均增长仅 0.58%，相对于中间产出和追加投入，增长极为有限，可能与科研院所按事业单位体制机制运行，研究开发与市场需求相对脱节有关，虽然近年来出台了一系列促进科技成果转化的政策措施，但见效缓慢。

三是 36 家科研院所各阶段科技创新效率差距较大，差距情况：成果转化阶段＞整体情况＞科技研发阶段，且科技研发阶段科技创新效率处于进步的科研院所是成果转化阶段的 1.62 倍，可见，科研院所科技创新效率在科技研发阶段表现较优秀，这与计划经济向市场经济转变过程中公益类科研院所改革转型是否到位有关系，多数科研院所科学研究还主要集中在创新链前端，开展以自由探索为主的基础应用研究，研发成果与产业发展、市场需求脱轨。因此，要加强科研院所从市场需求端的“需求侧”出发，以问题为导向，形成学科布局、技术积累与产业经济发展格局相适应的科研组织模式。总体上整体阶段和科技研发阶段所有科研院所都受到科技政策创新、科技体制改革等外部因素的负向影响，技术进步处于退步状态；成果转化阶段受到自身科技资源配置能力和投入产出规模等内部影响的科研院所更多，要加强各阶段科技创新效率，代表技术效率的内部因素和代表技术进步的外部因素均需要加强和提高。

四是根据科技创新资源利用模式，少数几家科研院所（11.11%）具备良好的科研创新和市场转化能力，整体科技创新效率表现优异，如生物、医药、地理等领域。科技研发和成果转化均较弱的科研院所（19.44%）虽有一定研发资金和人力投入，但科技资源配置不合理、利用率较低，研发成果市场化能力弱，如安全、标准、测试、信息等领域，这类科研院所应结合市场需求并突出特色，重新调整科研方向或整合合并，提高科技资源配置效率，同时要重视引进先进管理机制和充分运用科技创新政策。侧重科技研发、成果转化较低型科研院所（69.44%）在科技研发和成果转化之间存在脱节现象，虽具有一定的科技研发能力和技术积累，但研发成果不成熟或成果产业化机制不完善，导致研发成果最终没有向经济社会效益转化，除了政策和市场等外部环境外，要提高科研院所研发成果市场价值，如加强科研成果与市场需求对接，提高技术成果产业化程度等。

参考文献

[1] 李晓轩. 我国国立科研机构绩效评价的实践与思考 [J]. 中国科学院院刊, 2005, 20 (5): 395-398.

[2] 翟立新, 韩伯棠, 李晓轩. 基于知识生产函数的公共科研机构绩效评价模型研究 [J]. 中国软科学, 2005 (8): 76-80.

[3] 申红芳, 廖西元, 陈金发. 国家级农业科研机构科技生产力评估 [J]. 科研管理, 2009, 30 (6): 163-171.

[4] 周萍, 曹燕. 中国科研机构知识生产力与影响力的国际比较研究 [J]. 科技进步与对策, 2012, 29 (19): 111-114.

[5] COZZENS S E. "Research assessment: what's next?" finalreport on a workshop [J]. Research Evaluation, 2002 (11): 65-79.

[6] 张大群, 杨国梁, 李晓轩. 国立科研机构的战略地图与其绩效评估体系研究 [J]. 科学学研究, 2011, 29 (12): 1835-1844.

[7] 周建中, 徐芳. 国立科研机构同行评议方法的模式比较研究 [J]. 科学学研究, 2013, 31 (11): 1642-1648.

[8] 李柏洲, 董恒敏. 基于 PP-SFA 的协同创新中科研院所的价值创造效率研究: 以中科院 12 所分院为例 [J]. 科研管理, 2017, 38 (9): 60-68.

[9] 林青宁, 孙立新, 毛世平. 协同创新对中国农业科研院所创新产出影响研究 [J]. 农业技术经济, 2018 (7): 71-79.

[10] 常路, 汪旭立, 符正平. 高校及科研院所机构协同创新绩效的影响因素研究: 基于社会网络的视角 [J]. 科技管理研究, 2019 (14): 100-108.

[11] HANSEN M T, BIRKINSHAW J. The innovation value chain [J]. Harvard Business Review, 2007, 85 (6): 121-130.

[12] 吴晓波, 吴东. 论创新链的系统演化及其政策含义 [J]. 自然辩证法研究, 2008, 24 (12): 58-62.

[13] 丁雪, 杨忠, 徐森. 创新链概念的核心属性与边界: 一项提升概念清晰度的文本分析 [J]. 南京大学学报 (哲学 · 人文科学 · 社会科学),

2020（3）：56-64.

[14] 蔺雷，吴家喜，王萍. 科技中介服务链与创新链的共生耦合：理论内涵与政策启示［J］. 技术经济，2014，33（6）：7-12，25.

[15] 余泳泽，刘大勇. 我国区域创新效率的空间外溢效应与价值链外溢效应：创新价值链视角下的多维空间面板模型研究［J］. 管理世界，2013（7）：6-20，70.

[16] 张虎，周迪. 创新价值链视角下的区域创新水平地区差距及趋同演变：基于 Dagum 基尼系数分解及空间 Markov 链的实证研究［J］. 研究与发展管理，2016，28（6）：48-60.

[17] 毕重人，赵云，季晓南. 基于创新价值链的区域海洋产业创新能力提升路径分析［J］. 大连理工大学学报（社会科学版），2019，40（6）：66-73.

[18] 徐胜，李新格. 创新价值链视角下区域海洋科技创新效率比较研究［J］. 中国海洋大学学报，2018（6）：19-26.

[19] 董会忠，刘鹏振. 创新价值链视角下环境规制对技术创新效率的影响：以黄河流域为例［J］. 科技进步与对策，2021，38（16）：37-45.

[20] 宋敏，邹声瑞，王茜. 基于创新价值链的长三角城市群创新效率及其溢出效应［J］. 河海大学学报（哲学社会科学版），2020，22（2）：48-56.

[21] 朱慧明，张中青扬，吴昊，等. 创新价值链视角下制造业技术创新效率测度及影响因素研究［J］. 湖南大学学报（社会科学版），2021，35（6）：37-45.

[22] 宋之杰，商贝贝，赵桐，等. 我国电子信息制造业创新效率研究：基于创新价值链视角下 Super-SBM 分析［J］. 工业技术经济，2018，（12）：124-130.

[23] 于树江，王云胜，曾建丽. 创新价值链下京津冀高技术产业技术创新效率及驱动要素研究［J］. 科学决策，2021（7）：77-90.

[24] 王嘉丽，赵杭莉，张夏恒. 创新链视角下中国高技术产业创新效率研究［J］. 技术经济与管理研究，2022（2）：41-46.

[25] 黄小博，李晓青，张亚洲. 基于创新价值链的福建省高技术产业创新效率分析［J］. 厦门理工学院学报，2021，29（4）：57-63.

[26] 窦超，熊曦，陈光华，等. 创新价值链视角下中小企业创新效率多维度

研究：基于加法分解的两阶段 DEA 模型［J］. 科技进步与对策，2019，36（2）：77-85.

［27］ 王延霖，郭晓川. 资源型上市公司高管团队激励方式对企业创新效率的影响研究［J］. 研究与发展管理，2020，32（4）：149-161.

［28］ 李牧南，黄芬. 我国中型高技术企业创新效率的区域比较研究：创新价值链视角［J］. 工业技术经济，2016（12）：137-142.

［29］ 何声升. 高校科技创新绩效影响因素分位研究：创新价值链理论视角［J］. 高校教育管理，2020，14（5）：104-114.

［30］ 初旭新，马昱. 创新价值链视角下中国高校科技创新效率评价［J］. 科技管理研究，2020（22）：119-123.

［31］ XIONG X，YANG G，GUAN Z. Assessing R&D Efficiency Using a Two-stage Dynamic DEA Model：A Case Study of Research Institutes in the Chinese Academy of Sciences［J］. Journal of informetrics，2018（3）：784-805.

［32］ 池敏青，许正春，刘健宏，等. 福建省属公益类农业科研院所科技资源配置效率研究［J］. 福建农业学报，2016，31（12）：1368-1373.

［33］ 池敏青，翁志辉，李晗林. 省级公益类科研院所科技生产力评估与发展思考［J］. 科学管理研究，2017，35（3）：45-49.

［34］ 陈耀，赵芝俊，高芸. 中国省域农业科研机构科技创新效率及影响因素分析［J］. 浙江农业学报，2020，32（4）：731-741.

［35］ 余珮，程阳. 我国国家级高新技术园区创新效率的测度与区域比较研究：基于创新价值链视角［J］. 当代财经，2016（12）：3-15.

［36］ 洪进，李敬飞，李晓芬. 两阶段创新价值链视角下的我国医药制造业技术创新效率及影响因素分析［J］. 西北工业大学学报（社会科学版），2013，33（2）：51-64.

第五章

福建省属公益类科研院所绩效评估体系构建

绩效评估既是科研院所提高科技创新效率的重要工具，也是提高政府科技管理水平和向纳税人展示科技创新成果的主要手段。本章在准确把握公益类科研院所内涵特点和社会角色基础上，提出确立顺应时代需要的职责使命、制定服务职责使命的目标任务、构建目标导向的绩效评估体系是 36 家福建省属公益类科研院所开展绩效评估的 3 个着力点，实现将宏观层面的职责使命转化为可操作性的绩效评估体系，为建立有效激励和约束作用的绩效评估体系提供新思路。

第一节　相关背景

随着市场经济和科技体制改革不断推进，我国公立科研院所体制机制和管理手段处于不断革新和适应新形势中。20 世纪 90 年代末我国实行科研院所分类改革，改革后对公益类科研院所科技投入大幅增加，更加强调科研要直接服务于国民经济发展[1]。为进一步明确科研院所整体发展目标，激发活力、提高效率，科研院所绩效评估逐渐进入公众视野，并变得重要且紧迫。近年来绩效评估不仅成为科研院所提高科技创新效率的重要工具，也是提高政府科技管理水平和向纳税人展示科技创新成果的主要手段。2018 年，《中共中央办公厅、国务院办公厅关于深化项目评审、人才评价、机构评估改革的意见》（以下简称“三评”），指出：“根据科研机构从事的科研活动类型，分类建立相应的评价指标和评价方式，避免简单以高层次人才数量评价科研事业单位”。2020 年，《科技部印发〈关于破除科技评价中“唯论文”不良导向的若干措施（试行）〉的通知》（国科发监〔2020〕37 号），提出要破除“忽视标志性成果的质量、贡献和影响等‘唯论文’不良导向”。如何利用绩效评估导向科研院所转变为追求卓越，“紧扣经济发展和民生急需，把准科技创新着力点[2]”，备受高层决策者、科技管理者、科学家以及专业评估人员的广泛关注。

最新一轮福建省属公益类科研院所的体制改革始于 2000 年的分类改革，改革实行 5 年过渡，2007 年底基本完成体制改革的各项工作。按 1986 年《国家科学技术委员会关于科研单位分类的暂行规定》中标准，福建省对当时全省 59 家省属独立科研机构进行划分，其中 40 家划分为公益类科研院所（2008 年之后有 4 家科研院所陆续退出省属公益类科研院所行列），按非营利性机构运行和管理。目前 36 家省属公益类科研院所科研和技术服务涉及农业、林业、生物、海洋、医学、体育、劳保、计生、计量、测试、信息、环保、水利水电等领域。多数科研院所承担着多样化的研究工作且处于创新链不同环节，包括应用基础研究、技术开发应用和公益服务等，同时科研院所间科技创新能力存在较大差距，如2011—2020年，科研院所科技活动人员最多达240人，最少仅6人，相差40倍。科技活动收入最多达130 300.00万元，最少仅2 272.50万元，相差57.34倍。新增科技课题最多达700项，最少仅8项，相差87.50倍；新增科技课题合同金额最多达24 806.10万元，最少仅217.40万元，相差114.10倍。发表科技论文最多达858篇，最少仅6篇，差距143篇。科技成果转化高于平均合同金额的8家科研院所总合同金额54 687.63万元，占总数71.73%。丁中文等[3]认为："少数公益类科研院所自身发展严重落后，科技产出不足、履职能力不足、创新人才不足、综合实力不足，已难以满足经济社会发展的需要。这一现象绝非一朝一夕之事，而是一个渐变的过程，缺少对科研院所科技创新与科技服务工作的日常监管是一个重要因素"。

新形势下面对领域、组织、条件等各异的省属公益类科研院所，本章从如何摒弃与时代发展需求和"三评"改革精神相违背的做法，建立符合地方科技体制机制特点和绩效管理需要的绩效评估体系，对科学、准确地掌握省属公益类科研院所科技创新绩效具有重要的现实意义。

第二节　研究现状

一、国外研究进展

科研机构绩效评估一直都受到国内外学术界和管理实践者的极大关注。国外关于科研机构绩效评估研究文献较多，但更值得借鉴的是国际著名科研机构开展的绩效评估实践经验。20世纪90年代是发达国家科研机构绩效评估实践快速发展时期，通过完善科技评估立法保障、成立组织管理机构和发展科技评估机构，推进和约束科技评估开展，是发达国家在科技评估宏观管理上主要做法和成功经验。美国、欧盟和日本的科技评估发展是居于世界前列的发达国家，非常注重通过立法来确保科技评估的有效落实。美国是最早开展科技评估和评估立法的国家，1976年通过《国家科技政策、组织和重点法》，1993年颁布《政府绩效与结果法案（GPRA）》（是最早以立法形式引入科技评估），这两部法律是美国进行科技评估的基本法案，为推动科技评估活动提供了重要的法律保障。随后英德日韩等相继在立法和部门相关政策指引下对科研机构实行科学化和制度化的绩效评估，如日本1997年也出台了

《国家研究开发评估实施办法指南》[4-5]。目前科研机构绩效评估模式可分为美国模式和欧洲模式，美国模式更多地将科学技术作为生产力进行管理，科技评估服从于竞争发展要求，保证其战略规划服务国家目标。而欧洲模式属于弱竞争模式，更多基于科学技术文化特质，受传统科学研究理念影响，科技评估以保证研究质量为主要目的，更注重领域方向和科学家水平。近年来，欧洲和日韩等都在不同程度学习美国模式，科技评估也在向重视竞争和绩效方向发展[6-7]。同行专家评议是国际上较为通行的方法，并注重国际同行专家聘用，力求评估前瞻性，德国马普学会是同行评议的典型代表[8]。另外值得借鉴的是德国弗劳恩霍夫协会通过研究所从企业获取经费占总经费的比例来决定年度拨款，以此来平衡研究所在服务企业技术开发和基础性技术前沿探索研究两方面工作。日本产业技术综合研究所主要从路线图、产出和内部管理开展评估，目的在于监测研究所服务产业的能力，确保研究所沿着路线图推进，最终满足产业界技术需求[9]。

二、国内研究进展

20 世纪 80 年代我国开始关注科研机构绩效评估。一批处于优势地位的科研机构结合自身特点，率先探索绩效评估改革，中国科学院最具代表性，其研究所评估历经“80 年代院士专家组评估、蓝皮书评估（1993—2002 年）、二元评估体系（2002—2005 年）、综合质量评估体系（2005—2010 年）、重大产出导向评估体系并引入国际评估（2012 年至今）[10]”。1997 年成立的国家科技评估中心承担有科研机构运行绩效评估，中国水产科学研究院、北京市科学技术研究院等也相继开展科研机构绩效评估工作，为探索我国科研机构绩效评估的整体推进发挥重要排头兵作用[11]。20 世纪 80—90 年代，我国学者多是从微观角度开展科研机构绩效评估研究，如指标选择或方法模拟等探索[12-13]。80 年代末，以 SCI 收录论文为代表的文献计量指标被大量引用，采用定量方法单一反映科研成果产出成为主要评估手段。2000 年之后我国开始重视绩效评估体系与组织战略之间的逻辑联系，以李晓轩、张义芳、徐芳等为代表的学者开始学习借鉴美英德日等科研机构先进绩效管理经验，特别关注如何利用绩效管理和评估促进战略目标的实现[14-15]。近十年来，科研机构绩效评估已从单纯基于“产出（结果）”逐步转向基于“目标-结果”二位一体或“目标-过程-结果”三位一体的绩效评估，更加关注绩效评估体系与科研机构职责使命之间的内在逻辑关系，以及如何有效发挥绩效评估指挥棒的作用。如张大群等[16]提出基于战略地图制定国立科研机构发展战略和绩效评估指标体系。代涛[9]比较了美德日不同战略定位科研机构科技评估特点，提出我国国立科研机构如何通过科技评估促进战略定位的实现。沈银书[11]提出制定清晰可行的战略规划、建立可操作的绩效指标体系等是农业科研院所推行绩效管理的重要着力点。张义芳[5]提出使命目标导向的绩效评估是国立科研机构绩效评估重要原则之一。

已有研究表明，我国科研机构绩效评估仍存在重微观轻宏观，忽视自身组织使命和战略定位。过度使用定量评估，并以此简单片面判断科研机构绩效，淡化对其长期发展有关的科研潜力、研究方向和运行机制等动态评估。评估结果运用上与激发活力、提高效率相违背，失去评估是为了更好推进科研机构发展的初衷等。

第三节 绩效评估思路

一、确立顺应时代需求的职责使命

省属公益类科研院所是从事社会公益为主的科学研究和技术咨询服务等业务的非营利性科研机构，以服务地方经济社会发展为主，被赋予明确的职责定位。该类科研院所研究领域、组织形式、发展条件等复杂多样，大多研究工作均涉及应用基础研究、技术开发应用和公益咨询服务等，无法将其单一地划分为某一类，很难共用一套相同的评估标准。一定时期内该类科研院所的科研水平离国内外先进水平还有差距，在管理上宜采用目标管理的强管理模式，即“目标-过程-结果”[5]，强调职责使命实现下的科研产出水平。

因此，首先要结合自身科研资源和优势，加强顶层设计，构建科学合理“满足区域战略需要”的职责使命，使科研院所科研工作服务区域经济社会发展需要（图5-1）。同时也是科研院所开展绩效评估的主要依据，使绩效评估注重长期实际效益，避免追求短期成果或表面效果。徐冠华院士[17]在“中国科技发展的回顾和几点建议”中提出：“世界级科学技术专家和战略科学家严重缺乏是我国迈向世界科技强国征途中面临的挑战之一”。同样在地方科技发展和科研院所管理中也普遍缺乏该类专家，特别是战略科学家。现有科研院所负责人多是从技术专业研究中成长起来的，缺乏战略规划的宏观思维和管理手段。如何清晰、准确和逻辑严密地制定科研院所职责定位，是实现科研院所高效发展，办出水平和特色，以及有效开展绩效评估需要解决的首要难题。

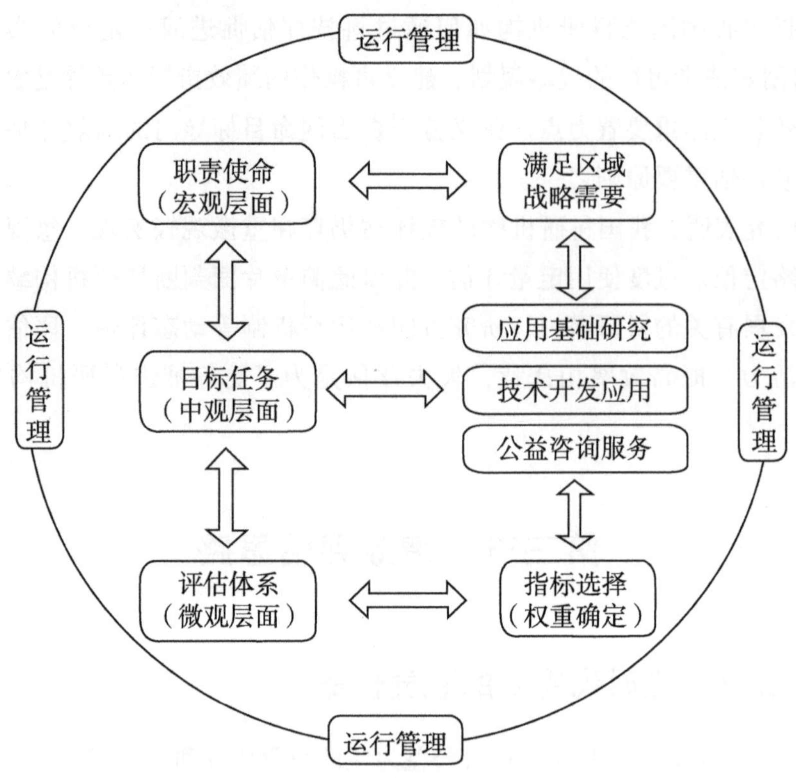

图 5-1　省属公益类科研院所绩效评估思路

二、制定服务职责使命的目标任务

省属公益类科研院所在明确的职责使命框架下，应根据市场、产业和企业实际需求，提出具体的目标任务，发挥集中力量办大事的制度优势，把有限的科技资源投入到亟需攻关的科研任务中去。从科学发展规律和创新链角度看，科研院所除提供关键技术开发应用和科技服务外，还应突出应用基础研究，发挥应用基础研究提供解决重大实际问题的基础作用，以实现科研院所科技创新能力的持续性发展。需要明确的是：该类科研院所基础研究不是自由探索式的纯基础研究，而是应该使科研创新更多地走在技术和生产前面，为技术生产发展开辟各种可能途径的定向基础研究[18]。如果“满足区域战略需要”的职责使命是立所之本，那么基于应用基础研究的原始创新则是立所之源。

为此，应围绕“应用基础研究”“技术开发应用”和“公益咨询服务”等方面制定清晰可行的目标任务（图 5-1）。目标任务既要符合实际、又要令人振奋，还要有清晰的路线图和充足的资源保障。该环节难点在于如何结合科研院所现有的科研资源优势，改变观念和研究思路，从传统的“基于科学发现端的‘供给侧’路线”向“基于市场需求端的‘需求侧’路线”转变，以问题为导向，形成学科布局、技术积累与产业经济发展格局相适应，使之具备抓住领域发展重大创新机遇的基础和能力。此外，还应认识到科研院所体制机制创新和宏观调控能力是保证目标任务分解不游离于职责使命之外的重要条件。

三、构建目标导向的绩效评估体系

省属公益类科研院所职责使命是绩效评估的重要指针，在做好长期战略目标和年度计划基础上，采用“目标-过程-结果”评估模式（目标为导向）[19]，引导科研院所科技创新沿着目标方向推进（图 5-1）。重点评估履行职责使命和目标实现情况，以及成果学术价值和影响力。坚持差异化评估，包括不同学科领域的分类评估、统一学科领域不同科研活动性质的分类评估，以及不同发展水平的分类评估等。在共性指标和个性指标兼顾原则下，利用权重平衡不同科研院所之间的科研重点。通过发挥绩效评估导向作用不断提升科研院所科技创新能力仍是首要任务。

因此，要建立以动态基础数据监测科研产出的“计量评估”为辅，国际通用的“同行专家评估”为主，“多方相关利益者”参与的综合性评估。评估周期内，要形成稳定专家学者组成的“科学共同体”评估组，保证评估质量。美国相关学术团体在历经数回合研讨后发现，量化指标无法完整呈现研发成果，结合专家评议是一个比较适合于科研院所绩效评估的方法。同时要注重引入战略专家和管理专家参与评估，加强科研院所内部管理建设。该环节难点在于如何基于科研活动规律上，厘清绩效评估体系与职责使命和目标任务之间的内在逻辑联系，使管理者将宏观中观层面的发展战略转化为清晰具体的行动举措和相应的绩效评估指标。

第四节　绩效评估体系构建

一、评估指标框架

上述绩效评估思路为福建省属公益类科研院所评估工作提出了方向性要求，是指导评估的规范和准则。职责目标导向、差异化评估、发展性评估以及专家评估是开展绩效评估首要遵循原则。福建省属公益类科研院所评估指标由三级构成，一级、二级指标为共性指标，三级指标为分类指标。一级指标包括职责目标、科技产出和运行管理3方面。

职责目标是立所之本，也是绩效指标具体化的宏观依据，该指标采用“领域战略专家”为主的定性评估。①职责相符性：围绕“满足区域战略需要”确立科学合理的职责使命，科技创新活动应与职责使命保持一致性。②需求一致性：围绕区域行业发展重大公共需求制定目标任务（每个科研院所一般制定5~7项主要目标任务）和年度绩效计划，科技创新活动与目标任务要保持一致性[20]（表5-1）。

科技产出是绩效评估重点，包括“应用基础研究”“技术开发应用”和“公益咨询服务”，采用“同行专家”“行业用户”定性评估和“产出基础数据”定量监测相结合方法。①应用基础研究从原创成果与水平（论文论著）、人才团队、条件平台等方面评估具有长期效应的基础性创新成果，如在国际上影响力或在区域相关行业领域发挥引领作用等。李静海[21]提出“对于基础研究而言，产出知识和培育人才是其两大核心功能，相对于科研成果的不确定性，基础研究培养人才的功能则是天然的”。②技术开发应用包括科技经费、研发成果和创新效益，以技术开发、转让、服务和咨询为代表的创新效益是科研院所发展的重要衡量指标和最终目的。③公益咨询服务是科研院所的重要职责之一，包括科技成果示范推广、地形地质和水文考察、天文气象和地震观察、资源调查和保存、期刊出版、图书信息服务等无偿的公益性科技服务，以及为动态满足科研院所在某一阶段工作重心的政策导向评估[22,23]（表5-1）。

运行管理是实现科研院所职责目标的重要保障，该指标采用“领域管理专家”为主的定性评估。①从管理制度是否健全、制度执行是否有效、科技资金使用是否合规等评估管理规范性。②从各级科技创新相关政策的落实情况评估政策落实程度。③从科研诚信建设情况、创新文化与环境建设效果、科研人员对组织管理满意度等评估科研文化氛围[20]（表5-1）。

表5-1　基于职责目标的福建省属公益类科研院所绩效评估指标框架

一级指标	二级指标	三级指标要点	评估方法
职责目标	职责相符性	职责定位的科学性和合理性；科技创新活动与职责定位的符合性	“领域战略专家”为主的定性评估
	需求一致性	目标任务与区域行业发展重大公共需求的一致性；科技创新活动与目标任务的符合性	

（续表）

<table>
<tr><th>一级指标</th><th>二级指标</th><th>三级指标要点</th><th>评估方法</th></tr>
<tr><td rowspan="3">科技产出</td><td>应用基础研究</td><td>原创成果与水平（论文论著）、人才团队、条件平台等</td><td rowspan="3">“同行专家”“行业用户”定性评估和“产出基础数据”动态监测相结合</td></tr>
<tr><td>技术开发应用</td><td>科技经费、研发成果（知识产权、行业成果等）和创新效益（技术开发、转让、服务和咨询等）</td></tr>
<tr><td>公益咨询服务</td><td>科技成果示范推广，地形地质和水文考察，天文气象和地震观察，资源调查和保存，期刊出版，图书信息服务等无偿公益性科技服务；动态满足院所在某一阶段工作重心的政策导向评估</td></tr>
<tr><td rowspan="3">运行管理</td><td>管理规范性</td><td>管理制度健全性，制度执行有效性，科技资金使用合规性等</td><td rowspan="3">“领域管理专家”为主的定性评估</td></tr>
<tr><td>政策落实程度</td><td>国家级、省级科技创新相关政策落实情况等</td></tr>
<tr><td>科研文化氛围</td><td>科研诚信建设情况，创新文化与环境建设效果，科研人员对组织管理满意度等</td></tr>
</table>

二、权重确定和方法

多数福建省属公益类科研院所研究工作均涉及应用基础研究、技术开发应用和公益咨询服务等，有的侧重于应用基础研究，有的侧重技术开发应用，甚至有的单纯以公益咨询服务为主，针对上述构建的绩效评估指标框架，可通过调整一级、二级指标权重来分类评估不同发展重点的科研院所。一般认为科研院所基础研究投入产出份额不低于30%。可以通过调整“从企业获取经费占总经费比例”的权重来鼓励科研院所既服务企业，又引导其不要一味追求短期效益，坚持基础性、战略性技术前沿的探索，德国弗劳恩霍夫协会认为该指标最优比例应控制在25%～55%[9]。随着科研院所发展水平的逐步提高，应用基础研究占比应逐步调整到30%。评估过程可以利用“科技人员当量”“人均创新产出”和“单位经费创新产出”平衡科技创新规模和效率问题[24,25]。评估方法通过赋予上述指标一定权重，采用综合加权法得到最终结果。评估结果应重点关注一级指标和二级指标，以及应用基础研究、技术开发应用、公益咨询服务各参评单元的同类比较和排名。

第五节　结论与建议

一、稳中求变的绩效评估体系

科研院所发展要注重战略性长期规划，避免关注短期可见成果，导致急功近利，违背科研规律。目前国内外科研院所绩效评估周期一般是3～5年，德国马普学会每六年1次同领域研究所评估，以及每五年1次国家对马普整体的评估[6]。“三评”意见提出：“以5年为评价周期，对科研事业单位开展综合评价”。在评估周期上，省属公益类科研院所可结合区域科技规划时长固定的特点，以5年为周期，周期内要保持评估标准的稳定性。但随着科研院所科研水平和效率的提升，可逐步提高评估标准或改进评估方法，或根据发展需要增加政策导向评估、科研环境和管理制度评估，以及同领域对标评估等，以鼓励科研院所不断向高质量的创新性成果攀登。

二、引导社会角色的顺势转变

伴随着市场经济体制的成熟，我国科技体制改革逐步深化，政府在科技管理中的职能已经从“宏观、微观一起抓”的计划经济向规划制定、宏观管理、政策实施、平台建设和环境营造等转变（放管服）。在“科技要与经济相结合”基本达成共识的国家大背景下，省属公益类科研院所要认清形势，顺势而为做好华丽转身；广大科技人员更要转变科研思路，改变埋头实验室做科研的陈旧思维，在业务上以市场和产业发展需求为指导；在管理上“实行章程管理”。同时要注重培养“科学共同体”在自我约束、自我管理和发挥独立性学术自由的作用。在社会角色转变中，绩效评估要发挥重要的指挥棒作用，引导科研院所合理定位，办出水平和特色。

三、多方利益参与的绩效评估

在开展科研院所绩效评估过程中，应注重采用多方相关利益方参与评估的模式。不仅需要经验丰富的专业专家、战略专家以及管理专家参与外，还应引入被评估机构领导、科技人员、管理人员，以及社会公众等多方人员参与评估工作。省属公益类科研院所目标任务、评估原则、评估方案和评估体系等制定必须通过各方利益相关方和上下级在持续坦诚沟通和反复研讨基础上达成共识，绩效评估工作方能得到科技界广泛认可和科研人员的支持，因此可以说持续有效沟通是绩效管理和绩效评估的灵魂。

四、建立稳定的评估专家队伍

在评估周期内，要通过长期聘任来自学术界、产业界、政府部门等专业专家、战略专家和管理专家，形成稳定评估专家队伍，使得杰出的专家能够长期持续关注科研机构的发展情况和对未来发展提出建议。避免临时聘请外来专家对科研机构情况不熟悉而无法做出正确判断的情况。在评估过程中要避免单一采用过程看似明明白白、清清楚楚，结果却是糊里糊涂的定量评估，要紧紧抓住省属公益类科研院所职责使命这个“牛鼻子”，以国际上通用的“同行评议”为手段，注重学术界和产业界专家共同参与，并在条件允许下探索开展国际国内专家组成的国际评估[26]。

五、正确认识绩效评估的结果

美国著名评估学者 Stufflebeam 指出“评估的目的不在于证明什么，而在于力求改进”。通过开展科研机构绩效评估提高整体科研实力是科研院所进行绩效评估的最终目的，也是引导科技人员将个人工作发展目标与科研院所整体战略目标相统一的重要手段。作为发展中的省属公益类科研院所，不断优化资源配置和管理，调整科研方向布局，强化科研质量保障，服务科研院所的未来发展依然是当前绩效评估的首要任务。

参考文献

[1] 程津培，李晓轩，徐芳. 行进中的中国科技评价制度改革［J］. 中国科学基金，2019（2）：105.

[2] 李克强. 在国家科学技术奖励大会上的讲话［EB/OL］. http://www.xinhuanet.com/politics/leaders/2020-01/10/c_1125447423.htm, 2020-01-10/2020-04-05.

[3] 丁中文，池敏青，刘宇峰. 福建省属公益类科研机构建设机制研究［M］. 北京：中国农业科学技术出版社，2020：19.

[4] 李晓轩. 德国科研机构的评价实践与启示［J］. 中国科学院院刊，2004，19（4）：274-277，303.

[5] 张义芳. 美、英、德、日国立科研机构绩效评估制度探析［J］. 科技管理研究，2018（22）：25-30.

[6] 中国科学院科技评价研究组. 关于我院科技评价工作的若干思考［J］. 中国科学院院刊，2007，22（2）：104-114.

[7] 张逸雯，江丽杰，胡镜清. 国际科技评估体系与实践研究综述［J］. 世界科学技术-中医药现代化，2018，20（7）：1076-1082.

[8] 章熙春、柳一超. 德国科技创新能力评价的做法与借鉴［J］. 科技管理研究，2017（2）：77-83.

[9] 代涛. 国立科研机构科技评价比较研究：基于机构战略定位的视角［J］. 科技促进发展，2012（5）：81-87.

[10] 穆荣平. 中国科学院体制改革与评价［C］//中俄科技改革回顾与前瞻论文集. 北京：清华大学社会科学学院科学技术与社会研究所，2005，39-43.

[11] 沈银书. 关于农业科研院所推行绩效管理的几点思考［J］. 江苏农业科学，2015，43（12）：591-594.

[12] 黄明儒，汤兵勇，任杰，等. 科研机构科技活动绩效综合评价指标体系及其结构分析方法［J］. 黑龙江大学自然科学学报，1991，8（2）：42-45，59.

[13] 徐荣成. 评价科研机构工作绩效的指标、标准与方法［J］. 科研管理，

1984，54-72（4）：54-59，72.

［14］ 李晓轩，汪凌勇. 国际科技评估的理论与实践［J］. 科技成果纵横，2003（5）：15-17.

［15］ 徐芳，刘文斌，李晓轩. 英国 REF 科研影响力评价的方法及启示［J］. 科学学与科学技术管理，2014，35（7）：9-15.

［16］ 张大群，杨国梁，李晓轩. 国立科研机构的战略地图与其绩效评估体系研究［J］. 2011，29（12）：1835-1844.

［17］ 徐冠华. 中国科技发展的回顾和几点建议［J］. 中国科学院院刊，2019，34（10）：1096-1103.

［18］ 经济合作与发展组织. 弗拉斯卡蒂丛书：研究与发展调查手册［M］. 北京：新华出版社，2000.

［19］ COZZENS S E. “Research assessment：what’s next?” Final report on a workshop［J］. Research Evaluation，2002，11：65-79.

［20］ 科技部、财政部、人力资源社会保障部. 中央级科研事业单位绩效评价暂行办法［EB/OL］. http://www.mof.gov.cn/zhengwuxinxi/caizhengxinwen/201711/t20171109_2746608.htm，2017-10-26/2020-04-05.

［21］ 李静海. 抓住机遇推进基础研究高质量发展［J］. 中国科学院院刊，2019，34（5）：586-596.

［22］ 赵红专，翟立新，李强. 公共科研机构绩效评价的指标与方法［J］. 科学学研究，2006，24（1）：85-90.

［23］ 章熙春、柳一超. 德国科技创新能力评价的做法与借鉴［J］. 科技管理研究，2017（2）：77-83.

［24］ 李晓轩. 我国国立科研机构绩效评价的实践与思考［J］. 中国科学院院刊，2005，20（5）：395-398.

［25］ 张凤，霍国庆. 国家科研机构创新绩效的评价模型［J］. 科研管理，2007，28（2）：35-42.

［26］ 徐芳，李陛，催胜先，等. 国际评估的实践与挑战：基于中国科学院卓越创新中心的案例分析［J］. 科技导报，2019，37（19）：50-57.

第六章

福建省属公益类科研院所
基本科研专项执行

科技计划评估是政府科技主管部门科学制定计划类型、调整计划经费投入、确保经费使用效果的重要依据。本章对2009—2020年基本科研专项计划的经费资助机制、经费资助强度和专项创新管理，以及专项项目的立项、实施、结题和跟踪管理等各个阶段进行评估分析，总结成功经验和发现存在不足，并提出相应对策，为相关职能部门的政策制定落实提供参考依据。

第一节　相关背景

2006年，《国务院办公厅转发财政部、科技部〈关于改进和加强中央财政科技经费管理的若干意见〉的通知》(国办发〔2006〕56号)，特设立“基本科研业务费”“主要用于支持公益性科研机构等优秀人才或团队开展自主选题研究”。2007年，《科技部、财政部、中编办印发〈关于加大对公益类科研机构稳定支持的若干意见〉的通知》(国科发政字〔2007〕765号)，提出：“公益类科研机构是从事公益科研的骨干力量，加大稳定支持力度，目的是增强其科技创新能力和公益服务能力，为其稳定服务于国家目标、持续增强能力以及集聚和培养高水平研究队伍提供保障。”

为进一步推进省属公益类科研机构管理体制改革，不断增强科技创新能力和公益服务能力，2008年，《福建省科学技术厅、福建省财政厅、中共福建省委机构编制委员会办公室、福建省人事厅印发〈关于加大对公益类科研机构稳定支持的若干意见〉的通知》(闽科政〔2008〕39号)，提出：“按照公益类科研机构的职责定位，进一步加大财政投入力度，建立稳定支持机制，大幅度提高公益类科研机构的创新和服务能力”“参照中央财政科技投入管理分类，设立‘科研院所基本科研经费’”。根据要求，每年安排2 000万元用于设立“省属公益类科研院所基本科研经费（以下简称‘基本科研专项’或‘专项’）”，从2009年开始执行。2009—2011年，每年安排2 000万元。2012—2013年，因拨款渠道变化，从福建省科学技术厅转到福建省财政厅，基本科研专项经费没有科技计划立项。2013年，《福建省人民政府印发〈关于进一步支持省属科研机构加快创新发展的若干意见〉的通知》(闽政〔2013〕28号)，提出：“从2014年起，每年安排省属公益类科研院所基本科研专项4 000万元，用于稳定支持省属科研机构开展自主选题研究和科技创新平台建设”。2014年开始又恢复原拨款与立项渠道，由福建省科学技术厅会同福建省财政厅负责组织实施，至今形成持续稳定的资助机制。

截至2020年，基本科研专项已经实施10年，共预算拨款经费3.4亿元（2012—2013年不在统计之内），其中2009—2011年，每年预算下达2 000万元；2014—2020年，每年预算下达4 000万元。基本科研专项遵循“稳定支持、重在持续”的支持原则，根据公益类科研院所的职责定位，重点支持具有一定技术优势或积累，能推动科研院所加快形成优势研究领域的应用研究和应用基础研究；能够围绕我省经济和社会发展需要，有重要应用前景或重大公益意义，有望取得较大突破的技术研究与开发；有利于科技创新团队和青年创新人才培养，推动协同创新的科研项目；支撑和服务于科研院所研究开发、成果转化和技术服务的科技创新平台建设。可见，基本科研专项是一类“科技计划（专项、基金）”，是地方科技计划中公益技术研究计划的重要组成部分，主要用于支持省属公益类科研院所的可持续创新发展。

因此，本章通过对2009—2020年基本科研专项及其项目的执行情况分析，总结取得成效，发现存在问题，为进一步提高专项管理效率和实施成效提供决策依据。研究通过问卷调查、专家咨询、实地调研等，结合数据统计进行分析。相关数据主要来源于福建省科技计划项目管理信息系统（包括申请书、任务书、科技报告、验收报告、验收材料、经费决算表等）。

第二节　研究现状

一、科技计划评估研究进展

当前国际评估界常用的科技计划评估理论研究主要有政府绩效评估理论、“市场失灵理论”、第四代评估理论、系统论、“事实-价值”相结合理论等5种主流理论，另外还有博弈论的应用等。国外十分重视科技计划评估理论方法与实践的结合，具有扎实的理论研究基础。我国科技计划评估存在理论研究和实践工作“两张皮”的现象比较突出。相关学者从适宜我国科技创新治理特点需要、正确处理好效率与公平公正关系、注重事实与价值相统一、融合中国特色社会主义文化等方面建议我国当前需要发展具有中国特色的科技计划评估理论[1,2]。

20世纪70年代，科技计划评估开始在世界范围内广泛发展和应用，欧盟、美国、日本等发达地区和国家率先开展评估方法研究和实践探索，该时期的评估主要以社会及公共事业方面的大型计划和政策为主。20世纪80年代以来，随着“新公共管理运动”的兴起和科技投入强度的不断攀升，各国对科技计划的关注和评估开始蓬勃发展。前期主要以追求效率为导向，注重测量目标的实现。1993年在美国“重塑政府”运动的带领下，开启了以“顾客满意”，注重质量和服务为导向的科技计划评估活动，如美国的纳米科技计划、技术创新计划和半导体产业研究联盟计划等[3-4]。通过完善科技评估立法保障、成立组织管理机构和发展科技评估机构，是发达国家在科技评估宏观管理上的主要做法和成功经验[5-6]。

20世纪80年代，我国开始将绩效评价运用于科研项目管理，学者们的研究较多集中在科技项目评估方法、评估模型，以及如何选取评估指标等方面。到90年代中期开始广泛研究和学习国外先进的科技计划评估实践。在评估指标方面，方晓东等从基础研究、技术创新、高等教育3类对法国“未来投资计划”事后绩效评价指标进行全面分析[7]。周文泳等比较分析了英国、德国、法国等评估指标体系不同侧重点基础上，提出要立足于不同的评价维度来思考评价指标的构建[8]。评估模型方面，陶蕊等在国外科技计划评估体系演变基础上，总结了两种目标导向、四个基础条件和八个体系要素的评估体系模型[9]。评估体系方面，杨飞等对澳大利亚卓越研究项目从学科分类方法、评价指标体系、项目运行流程以及项目实施情况作出全面分析[10]。翟启江从绩效评估管理机制、方法、指标体系及综合绩效评级系统等方面系统介绍和分析了美国先进技术计划的绩效评估[11]。目前国内关于科技计划（项目）绩效评价理论、方法、实证分析等方面已做出了大量的探索和研究，形成了多种各具特色成熟的方法体系。

二、国内科技计划评估实践

（一）计划与项目

科技计划是政府组织科技创新活动的基本形式，它的实施是以若干具体项目为载体。长期以来我们对“科技计划”和“科技计划项目”的认识总是混淆不清。2001年，科学技术部令第4号《国家科技计划管理暂行规定》和科学技术部令第5号《国家科技计划项目管理暂行办法》的实施，标志着我国从政策上正式将科技计划和科技计划项目的管理区分开。科技计划就其本质而言是政府的一种科技政策工具，它有别于项目管理。科技计划项目是指在科技计划中实施安排，由单位或个人承担，并在一定时间周期内进行的科学技术研究开发活动，是为解决一个较复杂的综合性科技问题而制定的研究或试验发展工作，可由若干目标统一、相互联系的科研子课题构成。目前仍存在“科技战略规划或科技计划都是以项目为载体开展创新活动，执行好每个项目和产出，就是战略规划或科技计划成功保证”的错误观念。

科技政策的形成和实施体现在宏观战略层面、研究计划层面和具体实施层面。科技计划属于研究计划层面（中观），处于科技政策体系的核心地位，在实施上起到承上启下的作用，一方面要落实科技战略规划的导向，另一方面又要引领指导科技计划具体项目的实施。科技计划与科技计划项目是两个不同的概念，但二者又紧密联系。

科技计划管理应采取分级管理，即分为计划管理和项目管理两个层次。对科技计划要实施战略管理和绩效评估，如明确基本方针，确定研究领域和研究方向等宏观管理。项目管理是指对研究项目立项、实施、验收和咨询等研究全过程的管理[12]。分级管理是科技计划管理的一个重要原则。

（二）制度建设

我国非常关注科技评估制度和规范的建设，为推进科技计划评估工作提供了制度保障。2000 年，《科学技术部关于印发〈科技评估管理暂行办法〉的通知》（国科发计字〔2000〕588 号），首次以文件的形式提出开展“科技计划的执行情况与运营绩效”评估。2003 年，《科技部关于印发〈科学技术评价办法（试行）〉的通知》（国科发基字〔2003〕308 号），其中对科技计划评价重点、评价目的、评价节点、评价机构和评价周期做出明确规定。2014 年开始，我国科技计划进入重塑治理阶段，将中央各部门管理的科技计划（专项、基金等）整合形成由公开统一国家科技平台管理的五类科技计划（专项、基金等），监督和评估工作成为科技计划管理体系的重要支柱。2014 年，《国务院印发〈关于改进加强中央财政科研项目和资金管理的若干意见〉的通知》（国发〔2014〕11 号），指出：“建立各类科技计划（专项、基金等）的绩效评估、动态调整和终止机制”。2016 年，《科学技术部、财政部、发展改革委关于印发〈科技评估工作规定（试行）〉的通知》（国科发政〔2016〕382 号），进一步对科技计划评估及评估相关内容做出新的调整和规定。2018 年，《中共中央办公厅、国务院办公厅印发关于深化项目评审、人才评价、机构评估改革的意见》，提出要加强对国家科技计划绩效评估。2020 年，《科技部、财政部、发展改革委关于印发〈中央财政科技计划（专项、基金）绩效评估规范（试行）〉的通知》（国科发监〔2020〕165 号），是首次针对中央科技计划绩效评估的专项政策，文中从评估原则、评估工作程序、评估内容与方法等提出要求，明确规定科技计划绩效评估内容一般包括“目标定位、组织管理与实施、目标完成情况与效果影响”，以确保科技计划评估的科学化、规范化、高效化。

（三）实践探索

我国科技计划评估实践探索先于制度建设，最早始于由国家科学技术委员会组织的1995年“八五”期间科技攻关计划评估和1996年863计划10年评估。1997年成立国家科技评估中心，2004年经中央机构编制委员会办公室批准，成为全国唯一具有独立法人资格的国家级专业化科技评估机构，至此我国科技计划评估开始走上专业化和规范化的探索之路。截至2016年，国家科技评估中心先后组织开展了近20次各类中央级科技计划评估，如国家科技攻关计划、国家高新技术发展计划、国家重点基础研究发展计划、国家自然科学基金、国际科技合作计划等[13,14]。科技计划评估是一个综合性很强的系统工程，国家科技计划评估团队经过实践探索，研究和总结出以下具有实际指导意义的评估理论和方法。

一是根据国内外科技评估实践，结合基于计划理论的评估学，提出“面向结果”的科技计划绩效监测评估理论逻辑模型，包括投入、活动、产出、成效和影响之间的逻辑关系，设计出包括相关性、目标实现、创新性、效率、效果和影响、实施管理6项评估准则，并运用于11个国家科技计划试点评估，被证明是有效可行的[15-17]（图6-1）。

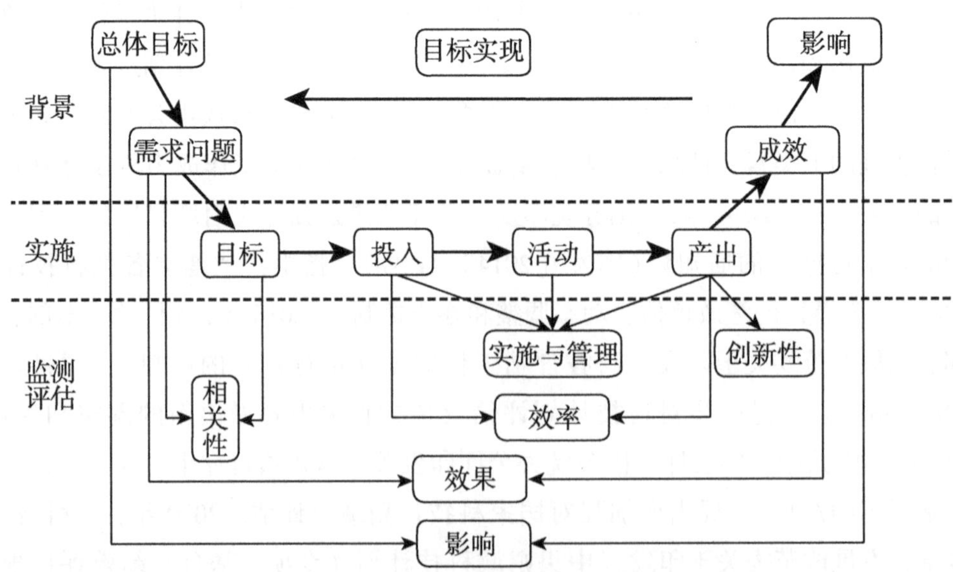

图6-1　科技计划绩效监测评估理论的逻辑模型

注：资料根据田德禄[15]，施筱勇等[16]相关文献整理。

二是结合我国科技计划管理特点，提出适用于我国科技计划绩效评估实践的框架，即“目标-管理-效果”评估模式（图 6-2），然后分别从这三个方面凝练出关键问题、设计指标、采用方法和数据来源等评估方案设计。同时提出从计划目标定位与布局和目标相关性，计划管理规范性和科学合理性、组织实施效率和适应性，计划实施的产出、效果与影响等方面进行全面系统评估。该评估框架曾用于“八五”科技攻关计划评估、863 计划 15 年评估、973 计划评估等国家科技计划评估，取得较好成效[15、18、19]。

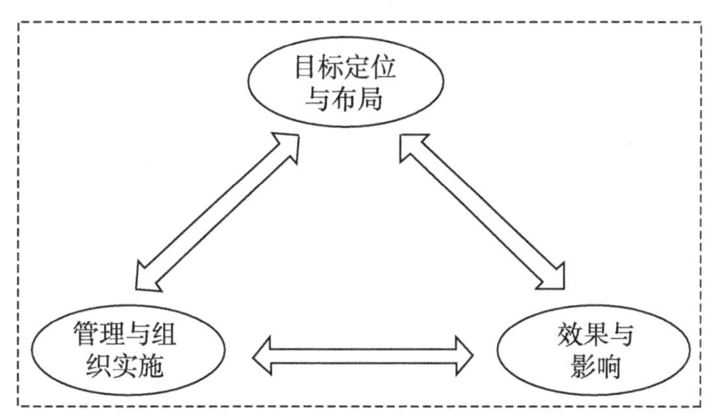

图 6-2　我国科技计划绩效评估模式探索

注：资料根据魏海燕[18]，欧阳进良等[27]相关文献整理。

三是根据已经开展的国家科技计划评估，总结了评估程序主要包括 5 个阶段，分别是评估准备与设计，信息采集与分析，评估分析，综合评估，交互、完善、形成与提交评估报告等，其中评估报告一般包括评估角度和标准、评估依据和评估结果等内容，提倡综合报告和专题报告相结合。在评估方法上，一般以定性定量相结合的分析方法为主要手段，近年来受国际评估影响，越来越注重执行者、管理者、专家、社会公众等利益相关者的参与，如鼓励承担单位事先开展绩效自评估，以及内部评估和外部评估相结合[18,19]。

四是借鉴国际评估经验基础上，提出评估周期宜采用“一二五”或“一五十”模式，即每年的监测评估，两年一次（五年一次）的阶段评估和五年一次（十年一次）的综合评估。如自 2009 年开展国家科技重大专项评估以来，初步形成了“年度监督评估+五年一次的综合评估”的模式。每个阶段的评估组织方式应根据科技计划的特点有所侧重，且不同阶段评估结果运用和服务的范围也应有所区别[14]。根据评估时间点，可分为前评估、中评估和后评估[18]。以上评估实践和经验总结不仅为我国科技计划的科学管理和决策发挥了重要作用，而且也为地方开展科技计划评估提供有益借鉴，也是开展基本科研专项评估的重要参考依据。

第三节　专项资助情况

一、资助强度

（一）整体资助

2009—2020 年，基本科研专项经费预算拨款 3.40 亿元，实际资助 33 307.09 万元，带动科研院所自筹经费 7 885.95 万元，总投资达 41 193.04 万元，年资助科研院所 35～40 家。科研院所间规模和创新能力差异大，年度专项经费资助也呈现较大差距。十年间，专项经费资助最大的科研院所达 1 538 万元，共有 4 家科研院所 9 次没有申请专项经费，其中 1 家连续 5 年没有申请资助（表 6-1，图 6-3）。

表 6-1　2009—2020 年专项总体资助情况

项目	2009 年	2010 年	2011 年	2014 年	2015 年	2016 年	2017 年	2018 年	2019 年	2020 年
专项经费（万元）	1 906.00	1 956.00	2 000.00	3 839.59	3 899	3 722.50	3 984.00	4 000.00	4 000.00	4 000.00
院所自筹（万元）	1 455.80	1 273.50	1 561.70	1 276.41	697.50	577.27	250.80	310.60	202.87	279.50
总投资（万元）	3 361.80	3 229.50	3 561.70	5 116.00	4 596.50	4 299.77	4 234.80	4 310.60	4 202.87	4 279.50
资助院所（家）	39	40	40	37	37	35	37	37	36	36

注：2012—2013 年，因拨款渠道变化，从福建省科学技术厅转到福建省财政厅，专项经费没有科技计划立项。

2009—2020 年，基本科研专项经费占科研院所总科技课题经费 13.05%，总体呈现增长趋势，占比最大的是 2020 年的 23.04%，占比最小的是 2011 年的 5.81%（图 6-4）。

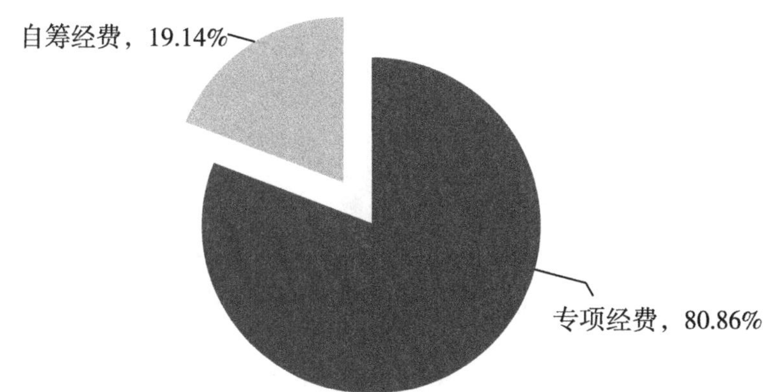

图 6-3　2009—2020 年专项总体资助构成

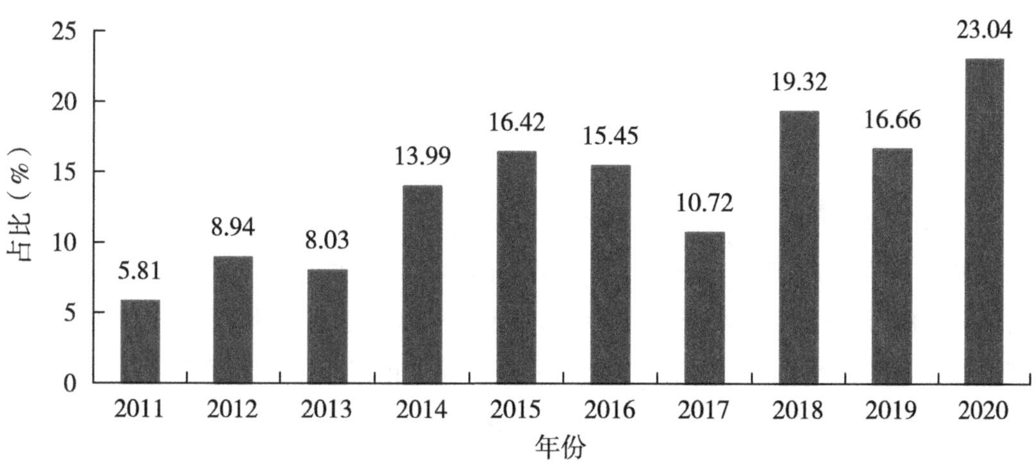

图 6-4　2011—2020 年专项经费占总科技课题经费比例

（二）行业资助

2009—2020 年，基本科研专项经费共资助 5 类行业。其中农业科学研究和试验发展资助最多，涉及 21 家科研院所，经费达 19 147. 00 万元，占 57. 49%。工程和技术研究和试验发展有 7 家科研院所，医学科学研究和试验发展有 5 家科研院所，社会人文科学研究有 4 家科研院所。自然科学研究和试验发展资助最少，仅 3 家科研院所，经费达 2 207. 00 万元，占 6. 63%（图 6-5）。期间相继有 4 家科研院所退出省属公益类科研院所行列，不再列入专项经费资助范围。

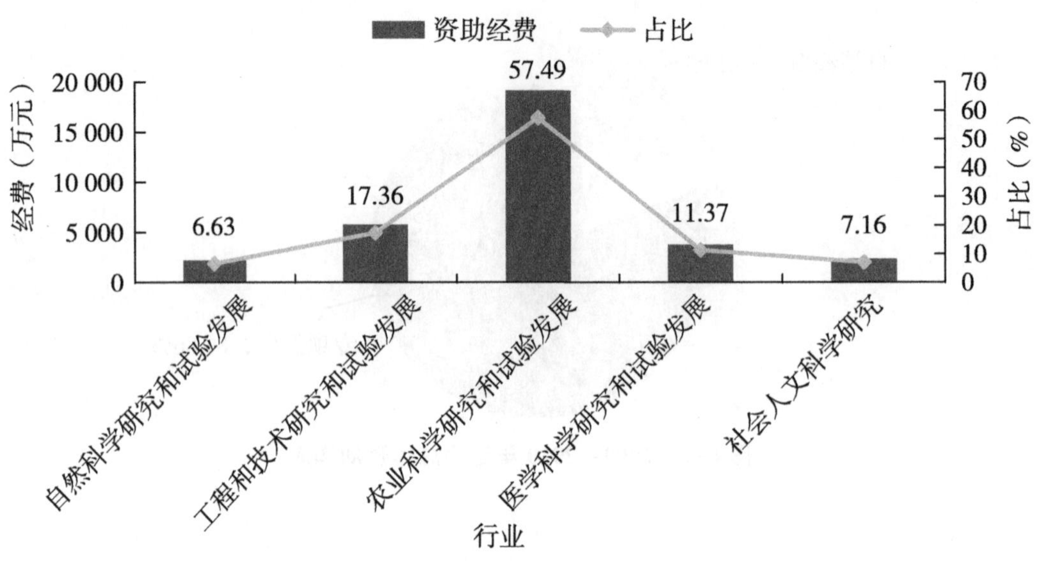

图 6-5　2009—2020 年专项经费分行业资助

（三）学科资助

2009—2020 年，基本科研专项经费共资助 18 类学科领域，学科间资助差异较大，最大差额达 12 278.00 万元。排名前五的学科领域共资助经费 20 588.00 万元，占 61.81%，涉及农学、水产学、工程与技术科学基础学科、地理科学和畜牧兽医。资助经费 1 000 万元以下的有 7 个学科领域，共资助经费 4 972 万元，占 14.93%。农学领域资助最多，经费达 12 671 万元，占 38.04%。体育科学领域资助最少，经费仅 393 万元，占 1.18%（表 6-2）。专项经费资助涉及学科创新链的各个环节，横跨基础研究、应用研究、试验发展、研究与试验发展成果应用、科技服务等方面。

表 6-2　2009—2020 年专项经费分学科资助

序号	学科（代码）	专项经费（万元）	序号	学科（代码）	专项经费（万元）
1	农学（210）	12 671	5	畜牧兽医学（230）	1 538
2	水产学（240）	2 541	6	基础医学（310）	1 518
3	工程与技术科学基础学科（410）	1 947	7	生物学（180）	1 435
4	地理科学（170）	1 891	8	药学（350）	1 302

（续表）

序号	学科（代码）	专项经费（万元）	序号	学科（代码）	专项经费（万元）
9	林学（220）	1 278	14	环境科学技术及资源科学技术（610）	762
10	图书馆、情报与文献学（870）	1 160	15	水利工程（570）	744
11	机械工程（460）	1 054.09	16	安全科学技术（620）	660
12	中医学与中药学（360）	966	17	化学（150）	616
13	经济学（790）	831	18	体育科学（890）	393

二、资助机制

（一）基本情况

基本科研专项遵循“定期评估，滚动调整”的资助原则，即定期动态调整专项经费分配，实行有差别的经费支持，以规范和加强科研院所基本科研专项的使用绩效。根据规定，福建省科学技术厅会同有关部门每2～3年对科研院所科技创新进行监测评估，评估结果作为调整下一轮专项经费预算额度的重要依据。同时专项评估引入专家咨询制度，专家咨询意见作为评估的重要参考。对于技术研发活跃、创新绩效明显、人才持续培养的科研院所，加大专项支持力度；对于技术研发水平停滞不前，无明显创新成效的相应削减专项经费额度。

至今已完成4轮评估工作，即分别对2009—2010年度、2011—2012年度、2013—2015年度、2016—2018年度进行监测评估[20-23]（表6-3）。同时为了及时、全面、客观地反映福建省属公益类科研院所科技创新和重要科研成果进展情况，形成科研院所的宣传、交流窗口，连续编制8本《福建省属公益类科研院所年度发展报告》，对科研院所进行全方位、多角度地反映与分析。

表6-3　科研院所科技创新监测评估

序号	评估轮次	评估目标年度	经费预算年度	经费预算依据	经费总额（万元）
1	——	2008	预算2009—2010年度专项经费	根据在岗在编人员规模分配	2 000

（续表）

序号	评估轮次	评估目标年度	经费预算年度	经费预算依据	经费总额（万元）
2	第一轮评估	2009—2010	预算 2011 年度专项经费	科技创新绩效评估	2 000
3	第二轮评估	2011—2012	预算 2014—2016 年度专项经费	基础运行情况 科技创新绩效评估	4 000
4	第三轮评估	2013—2015	预算 2017—2019 年度专项经费	基础运行情况 科技创新绩效评估 科研成果后补助	4 000
5	第四轮评估	2016—2018	预算 2020—2022 年度专项经费	基础运行情况 科技创新绩评估	4 000

（二）评估原则

评估遵循以下原则：一是系统性。指标体系既要考虑与前轮评估指标的对应与衔接，又进一步补充完善。既有存量指标又有增量指标，如“人均科研经费增长率”等效率指标。既反映科研直接成果，也反映科研间接效果。二是导向性。指标体系侧重于评估“成果产出”和“成果转化”，特别是“成果转化”指标权重逐年加大，如“成果转化”权重由 15%调整为 25%。三是分类性。尽可能选取影响程度高、具有足够代表性的共性可比指标，以尽量少的指标反映尽量多的信息，公正体现不同类型科研院所的创新成效。四是可量化。选取的指标尽可能的可统计和可量化，定性指标进行“定性指标定量化”转换，指标数据经过“无量纲化和标准化”处理，实现指标纵横向比较。

采用“递阶层次分析结构”评估模型，即构建三个层次，评价维度（一级指标）、基本指标（二级指标）和具体指标（三级指标）。4 轮评估指标体系均围绕科研院所“创新基础”“研发成果”和“创新效益”3 个重要创新链节点，设计了 7～10 个基本指标和 25～27 个具体指标。指标权重通过“层次分析法”来确定[24]。每轮评估体系均多次征求各方面科研专家、管理专家、科研院所及相关管理部门意见，在充分吸收各方面意见的基础上，经过反复修改完善。

三、资助调整

（一）基本科研专项经费

2011 年作为评估调整的预算经费约 2 000 万元。2014 年开始专项资助总经费为每年 4 000 万元，用于评估调整的的预算经费约 2 000 万元，占专项总经费 50%左右。

共有 39 家科研院所参与 2009—2010 年度的评估。根据评估结果，在 2011 年度经费分配上，提高了 15 家科研院所的经费资助，下调了 21 家科研院所的经费资助，有 3 家科研院所经费资助没有调整。

共有 38 家科研院所参与 2011—2012 年度的评估。根据评估结果，在 2014—2016 年度经费分配上，有 25 家科研院所的经费资助相应增加，有 12 家科研院所的经费资助相应减少，1 家科研院所经费资助没有调整。

共有 38 家科研院所参与 2013—2015 年度的评估。根据评估结果，在 2017—2019 年度经费分配上，有 19 家科研院所的经费资助上调，有 14 家科研院所的经费资助相应下调，5 家科研院所经费资助没有调整。

共有 37 家科研院所参与 2016—2019 年度的评估。根据评估结果，在 2020—2022 年度经费分配上，提高了 14 家科研院所的经费资助，下调了 18 家科研院所的经费资助，有 5 家科研院所经费资助没有调整。

（二）科研成果后补助经费

科研成果后补助经费是用于资助科研院所开展基本科研活动而获得的重大科技成果。根据专项管理办法，福建省科学技术厅对 2013—2015 年度科研院所获得的科技成果开展后补助评估，并从 2017 年科研院所基础运行经费中安排 1 000 万元用于奖励科研成果，科研院所根据后补助经费额度相应设立科研成果后补助项目。由于评估跨度和政策调整等原因，专项运行十年来，仅开展一次科研成果后补助评估。科研成果后补助经费可用于成果转化应用或直接购买科研急需仪器设备等，深受科研院所欢迎。

科研成果后补助评估指标分为“研发成果”和“成果转化”两部分。研发成果包括知识产权、新（兽）药、品种审（认）定、标准制定和高级别论文 5 大类，成果转化包括技术开发、转让、服务、咨询等和创新战略研究（软科学）成果被采纳情况。共有 38 家科研院所参与科研成果后补助评估，有 31 家获得后补助经费资助，有 7 家没有相应的成果产出。排名前三名的科研院所共获得 285 万元的经费补助，占 28. 50%。补助经费少于 10 万元的有 6 家。福建省农业科学院下属的 15 家研究所获得 610 万元的补助经费，占 61. 00%。

第四节　专项创新管理

一、管理政策

（一）政策依据

2009 年专项实施以来，先后 3 次制定了《福建省省属公益类科研院所基本科研专项管理办法（试行）》（闽科计〔2009〕14 号）、《省属公益类科研院所基本科研专项与资金管理办法》（闽科政〔2013〕12 号）、《省属公益类科研院所基本科研项目及专项资金管理办法》（闽科政〔2015〕6 号），对基本科研专项及其项目实施科学管理，取得了明显成效。为贯彻落实中央关于扩大高校和科研院所科研相关自主权精神，进一步扩大科研院所自主权，激发创新活力，2019 年发布了《省属公益类科研院所基本科研项目及专项资金管理办法的补充通知》（闽财教〔2019〕26 号），对现行的管理制度进行修改和补充（表 6–4）。

表 6–4　基本科研专项管理办法

序号	印发时间	文件名称	发文单位	文号	内容
1	20090408（作废）	《福建省省属公益类科研院所基本科研专项管理办法（试行）》	福建省科技厅	闽科计〔2009〕14 号	六章二十五条
2	20131031（作废）	《省属公益类科研院所基本科研专项与资金管理办法》	福建省科技厅 福建省财政厅	闽科政〔2013〕12 号	七章二十六条
3	20150820（现行）	《省属公益类科研院所基本科研项目及专项资金管理办法》	福建省科技厅 福建省财政厅	闽科政〔2015〕6 号	七章二十六条
4	20190917（现行）	《省属公益类科研院所基本科研项目及专项资金管理办法的补充通知》	福建省财政厅 福建省科技厅	闽财教〔2019〕26 号	六条

基本科研专项管理办法涵盖了对“专项”和“专项项目”的管理。基本科研专项属于省级科技计划，除执行专项管理办法中相关规定以外，“专项项目”管理

未尽事宜还需按以下规定执行：《福建省科学技术厅关于印发〈福建省科技计划项目管理办法〉的通知》（闽科计〔2019〕9号），《福建省财政厅、福建省科学技术厅关于〈福建省级科技计划项目经费管理办法〉补充通知》（闽财教〔2019〕12号），福建省财政厅、福建省科学技术厅印发《福建省级科技计划项目经费管理办法》（闽财教〔2017〕41号），《福建省科学技术厅关于印发〈福建省科技计划项目验收管理办法〉的通知》（闽科计〔2019〕10号）等。

（二）政策分析

1. 职责分工进一步明确

2009年，管理办法规定基本科研专项由福建省科学技术厅统筹管理，科研院所主管部门监督指导，科研院所具体实施。2013年，调整为由福建省科学技术厅会同福建省财政厅统筹管理。在科研院所主要职责中增加“组织编制科研院所科研发展五年规划和科技创新平台建设五年规划，并经科研院所主管部门审核同意后，报福建省科学技术厅和福建省财政厅备案”，为更好衔接计划层面的基本科研专项和实施层面的专项项目提供保障，目前已编制两轮规划，分别是科研发展五年规划（2015—2019年）和科研发展五年规划（2020—2024年）。同时要求科研院所根据实际情况设立学术（科技）委员会，规定其履行“审议科研院所优势研究方向和创新平台建设重点，审议科研发展五年规划，评议和遴选年度资助项目”职责，赋予科研院所科学共同体自主决策权力，使项目立项在政府宏观指导下回归专家决策。2020年，根据补充通知，进一步明确福建省财政厅和福建省科学技术厅的职责分工。

2. 项目类型逐步调整完善

为实现专项投入目标和促进自主创新，专项项目的立项既要考虑到整体布局，又要强化对重点领域部署，还要注重优秀人才培养，不同阶段专项管理办法对项目类型作出了相应调整。2009—2011年，没有规定项目类型，仅要求每个项目资助经费额度原则上不低于8万元。2014年，基本科研专项项目设“优势领域重点项目、青年科研项目和科研成果后补助项目”3类，其中优势领域重点项目应占年度经费额度的50%以上，青年科研项目负责人年龄不超过35周岁。2015—2019年，基本科研专项项目设“优势领域重点项目、一般科研项目和科研成果后补助项目”，其中优势领域重点项目应占年度经费额度的50%以上，仅2017年有科研成果后补助项目。2020年，为进一步扩大科研院所自主权，取消项目类别和项目经费限制（表6-5）。

表 6-5　基本科研专项项目类型

序号	年份	资助项目类别	依据文件
1	2009—2011	没有项目类别限制，立项原则上不低于 8 万元	《福建省省属公益类科研院所基本科研专项管理办法（试行）》（闽科计〔2009〕14 号）
2	2014	优势领域重点项目（原则上不低于 15 万元）；青年科研项目（原则上不低于 5 万元）；科研成果后补助项目（不限制）	《省属公益类科研院所基本科研专项与资金管理办法》（闽科政〔2013〕12 号）
3	2015—2019	优势领域重点项目（原则上不低于 15 万元）；一般科研项目（原则上不低于 5 万元）；科研成果后补助项目（不限制）	《省属公益类科研院所基本科研项目及专项资金管理办法》（闽科政〔2015〕6 号）
4	2020	取消项目类别限制，取消项目经费限制	《省属公益类科研院所基本科研项目及专项资金管理办法的补充通知》（闽财教〔2019〕26 号）

3. 项目经费绿色通道改革

根据《福建省财政厅、福建省科学技术厅关于〈福建省级科技计划项目经费管理办法〉补充通知》（闽财教〔2019〕12 号）相关规定，将省属公益类科研院所基本科研专项纳入“绿色通道”改革试点对象。允许项目验收通过后，科研院所从基本科研专项项目经费的直接费用中，提取不超过 20%的费用作为奖励经费。奖励经费的使用范围和标准由科研院所在绩效工资总量内资助决定，在单位内部公示。另根据《福建省财政厅、福建省科学技术厅印发〈福建省级科技计划项目经费管理办法〉的通知》（闽财教〔2017〕41 号）规定，“取消项目经费中绩效支出比例限制，其支出不纳入承担单位绩效工资总额。承担单位在统筹安排间接费用时，要处理好合理分摊成本和对科研人员激励的关系，绩效支出安排与科研人员在项目中的实际贡献挂钩。”该办法同样适用于专项项目间接经费的管理调整。

4. 专项计划和项目管理

目前出台的基本科研专项管理办法没有对“专项”和“专项项目”实行分层管理。现行的《省属公益类科研院所基本科研项目及专项资金管理办法》（闽科政〔2015〕6 号）中，第一章、第二章、第五章涉及“专项”重点支持内容、管理和使用原则、组织职责分工和绩效评估等内容。第三章、第四章、第六章涉及“专项项目”的项目类别、审批申报和执行与验收等内容，既有对专项计划层面的宏观指导，又有对专项项目实施层面的微观指导。管理办法中也并未区分“专项”管理原则和“专项项目”管理原则，有关于专项的管理原则，如“定期评估，滚动调整”，也有关于专项项目的管理原则，如“自主选题，规范管理”。关于专项绩效评估和专项项目绩效评估的认识也存在混淆，容易将专项项目绩效评估代替专项绩效评估，存在执行好每个项目，就是保证专项目标实现的误区。

二、管理机制

《省属公益类科研院所基本科研项目及专项资金管理办法》（闽科政〔2015〕6号）明确规定："基本科研专项由省科技厅会同财政厅统筹管理，科研院所主管部门监督指导，科研院所具体实施”（图6-6）。

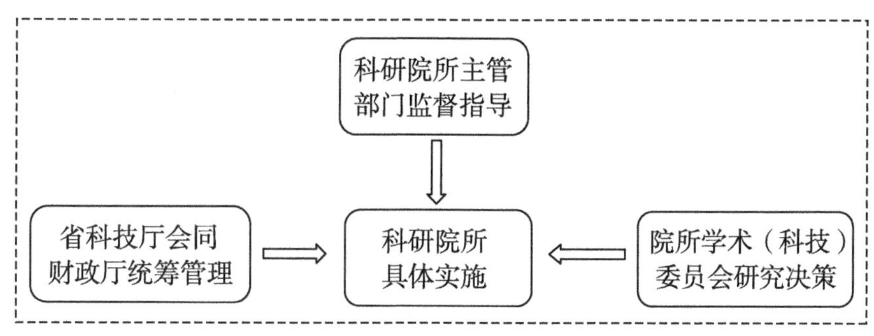

图6-6 基本科研专项组织管理模式

福建省财政厅负责安排专项资金年度预算，审核专项资金分配方案，会同福建省科学技术厅下达专项资金，加强专项资金绩效目标管理等。福建省科学技术厅主要负责发布专项资金年度申报指南和立项计划，开展专项绩效评估，研究提出专项经费分配方案和审核申报项目，指导并监督科研院所加强科研管理制度建设，监督专项项目实施及经费合理使用。

科研院所主管部门主要对科研发展规划、科技创新平台建设、自主选题、项目执行和经费使用等起到指导、监督和审核作用。

科研院所具体负责科研发展规划编制、项目遴选和经费使用、项目实施和验收结题、健全内部管理制度、配合专项资金使用绩效评估和监督检查等。学术（科技）委员会负责审议科研院所优势研究方向和创新平台建设重点，审议科研发展五年规划，评议和遴选年度资助项目等职责。

三、满意度调查

（一）目的和依据

基本科研专项经费投入效果，专项政策执行情况，专项管理过程中的公平、公正、公开等越来越受到社会公众、科技管理部门和广大科技人员的关注。管理手段适当与否，直接影响专项的社会形象，甚至影响公众对政府的信任及支持，进而影响专项政策推行及目标实现。因此，了解科技界，尤其是科技人员心目中基本科研专项的社会形象，对进一步制定专项改革措施，不断完善专项管理，提高专项经费使用效率具有重要意义。

传统科技计划（专项、基金）管理存在管理主义倾向浓厚、相关利益主体缺失、管理信息不对称等问题，此次调查借鉴“第四代评估理论”核心思想，即利益相关者分析法[25,26]，针对专项实施过程中相关利益主体开展问卷调查，关注各方利益群体并给予表达意见的机会，进而达成共识。调查问卷借鉴了欧阳进良等[27]在探索实践国家科技计划社会形象评价中构建的科技计划社会形象评估框架，即从“认知度”和“美誉度”两个角度开展调查，其中“认知度”是指被知晓的广度和被认识的深度，“美誉度”是指获得赞美和称誉的程度，并结合基本科研专项实施特点进行内容设计和问卷调查（表 6-6）。

表 6-6　基本科研专项调查问卷设计逻辑依据

调查角度	调查关键问题	调查对象	调查方式
认知度	是否了解、了解方式、了解程度	与专项实施相关的行政、科技和财务管理人员，承担或参与项目的科技人员，评审专家等	问卷调查、集中座谈、个别访谈、材料查阅
美誉度	管理公开性、管理规范性、管理制度建设、管理效率、实施效果、实施影响		

（二）方法和数据

在 2021 年 8 月 27 日至 9 月 5 日开展为期 10 天的“福建省属公益类科研院所基本科研专项调查问卷”（附录 1）。问卷借助“问卷星”平台，通过“电脑网址”或“微信扫码”开展。调查对象为与专项实施相关的行政、科技和财务管理人员，承担或参与项目的科技人员、评审专家等，并辅助集中座谈、个别访谈和材料查阅等，侧重于了解专项参与主体对专项实施目的、资助方式、管理机制、实施效果与影响等方面的定性调查和个人主观感受。共收回有效问卷 561 份，被访者 85. 20%为科技人员，硕士研究生毕业超过半数，年龄在 36～45 岁的占 46. 17%（表 6-7）。

表 6-7　调查问卷被访者基本信息

对象性别	男		女	
	57.58%		42.42%	
对象身份	科技人员	行政管理人员	科技、财务管理人员	其他
	85.20%	3.92%	5.17%	5.70%

学历结构	博士研究生	硕士研究生	大学本科	大专	其他
	20.14%	50.80%	27.27%	1.60%	0.18%
职称结构	正高	副高	中级	初级	其他
	12.48%	31.02%	42.96%	9.45%	4.10%
年龄结构	X≤25 岁	26 岁≤X≤35 岁	36 岁≤X≤45 岁	46 岁≤X≤55 岁	X≥56 岁
	0.89%	27.09%	46.17%	20.50%	5.35%

（三）结果分析

1. 认知度

从认知深度看（图 6-7），绝大多数被访者对专项的“定位及目标”和“自主选题，规范管理”非常了解或比较了解。从认知广度来看，专项在被访者中的知名

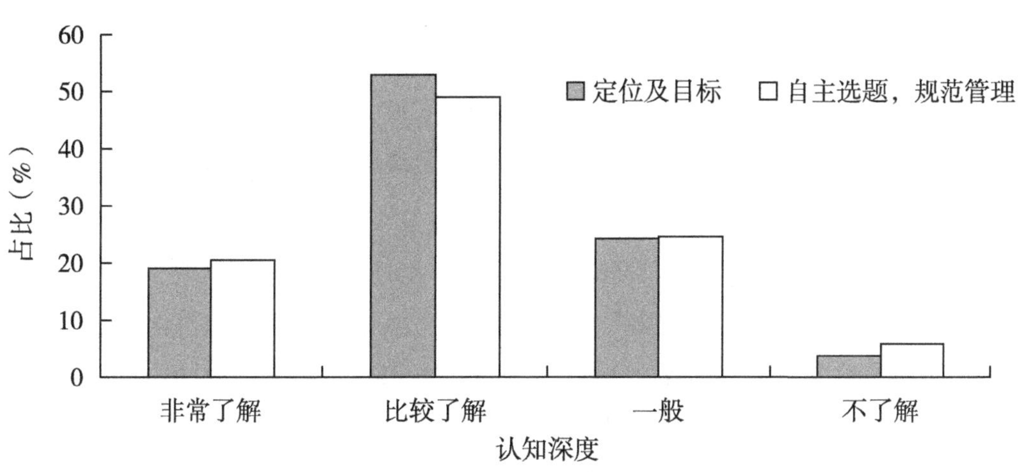

图 6-7　被访者对专项的认知深度

度相对较高，72.01%的被访者处于非常了解和比较了解状态，并且作为专项项目负责人或成员是了解专项的主要方式，达到77.90%。48.66%认为专项政策好，扶持力度恰当；39.39%认为专项政策好，扶持力度不足，说明作为支持科研院所创新发展的基本科研专项深受科技人员熟知，且普遍得到大家正面认可。

2. 美誉度

(1) 管理成效

被访者对专项（项目）管理的总体评价较高，27.45%满意，47.06%比较满意，不满意仅占1.78%，3.75%不太清楚。从调查结果来看，被访者对专项自主管理办法的制定、管理公开透明性和管理规范性比较满意，特别是随着信息化程度的提高，对公开、透明、规范的满意程度近年来越来越高（图6-8）。在处理公平与效率关系上，67.20%认为基本做到公平与效率兼顾；认为“不好说”的占11.05%。

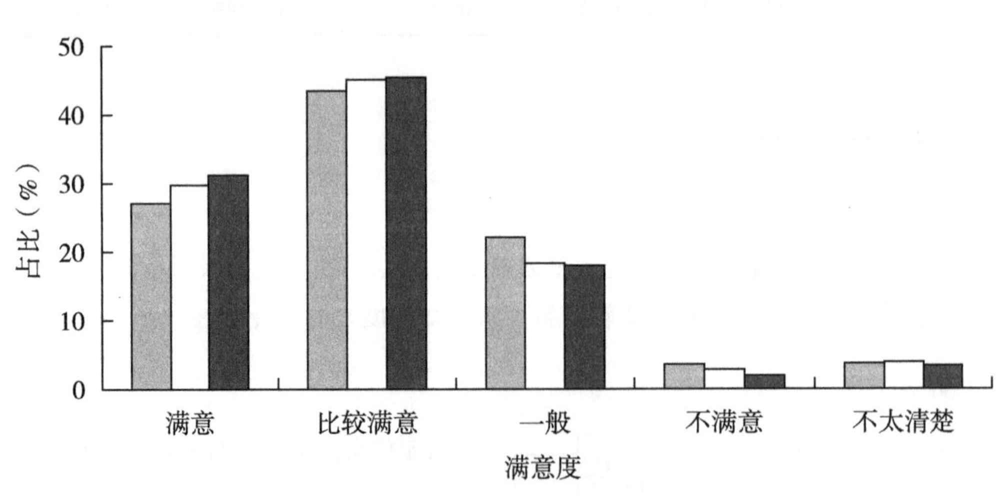

图6-8 被访者对管理的满意度

针对具体的专项（项目）管理问题调查中，超过半的被访者认为多数问题不存在，但对于“管理部门检查过多”“项目立项经费分配不公”“项目评价过分追求论文、专利等数量”3个问题，分别39.57%、46.35%、40.64%认为不存在，满意度偏低。66.84%认为“专家缺乏公正和诚信”不存在，满意度相对较高（表6-8）。结合实际调研发现，“经费分配不公、使用规定过多刻板、手续繁杂等”是意见相对集中的问题。

表 6-8　被访者对存在问题的反馈　（单位：%）

序号	存在问题	普遍	比较普遍	一般	不存在	不太清楚
1	没有按照管理办法执行	1.96	4.46	23.71	60.61	9.27
2	管理部门检查过多	5.17	13.37	34.58	39.57	7.31
3	立项与专项定位和院所发展目标不相符	1.43	6.24	29.41	55.97	6.95
4	项目立项评审存在不公平现象	1.78	5.53	27.81	53.12	11.77
5	项目立项经费分配不公	1.60	8.20	35.83	46.35	8.02
6	项目过程管理薄弱	1.43	7.49	31.55	53.48	6.06
7	项目验收走形式、走过场	2.50	5.17	21.57	65.78	4.99
8	项目档案材料管理不规范	0.71	3.74	23.71	64.35	7.49
9	项目评价过分追求论文、专利等数量	5.70	16.40	31.91	40.64	5.35
10	专家缺乏公正和诚信	1.78	3.92	21.57	66.84	5.88

47.24%的被访者认为目前专项（项目）管理办法“适应当前科研管理需要，无需进行修订”，但也有 32.62%认为“不适应当前科研管理需要，应进行适当修订”，6.24%认为“许多重要条款不符合当前科研规律，需进行大幅调整”。调查发现，管理最需要改进的是“立项环节（包括经费分配）”（图 6-9），最需要发挥专家作用的是“立项评审（包括经费分配）”（图 6-10），经费管理最需要改进的是“项目经费使用缺乏灵活性”（图 6-11）。有被访者提出要加强制定细化管理办法、管理环节网上可查询、流程管控数字化等现代高效管理办法。

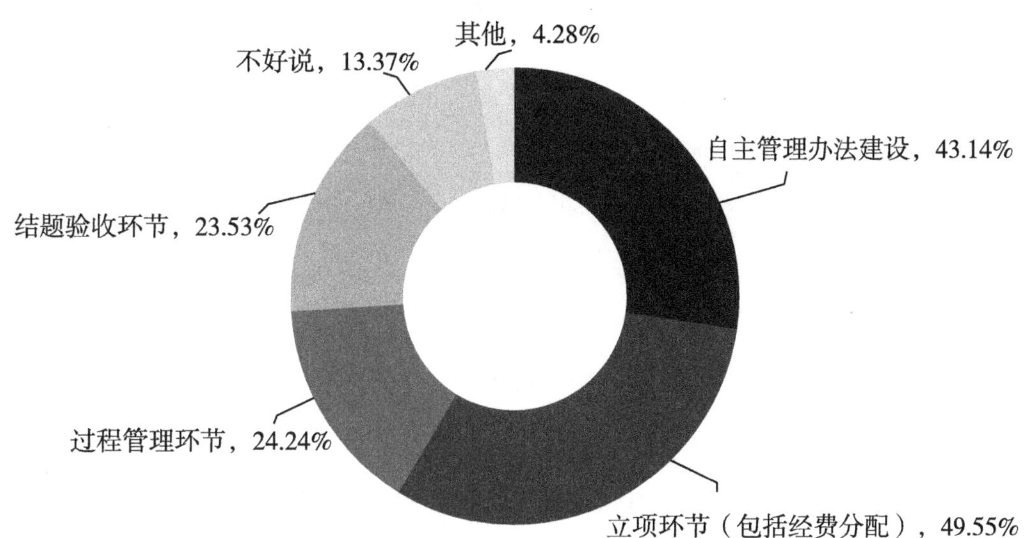

图 6-9　被访者对管理最需改进环节的意见

注：图 6-9、图 6-10、图 6-11 的选项均属于多项选择题。

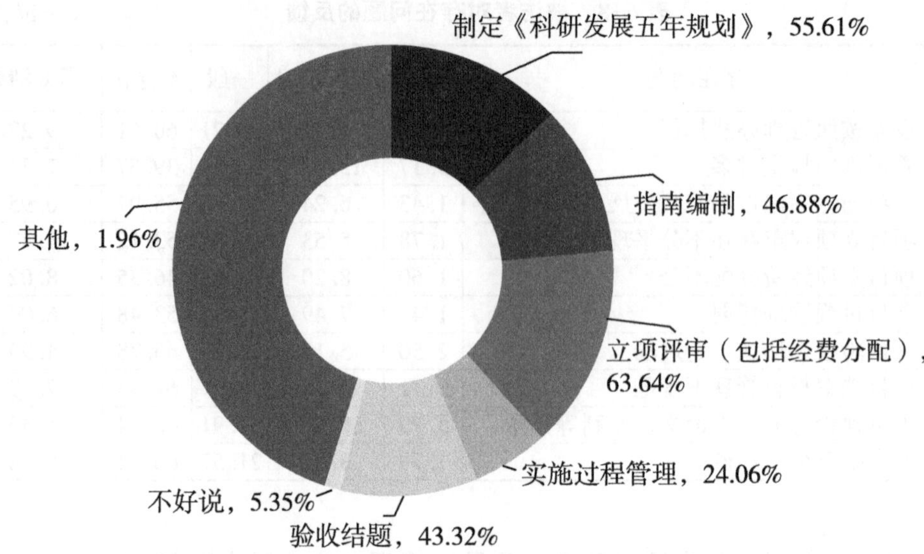

图 6-10 被访者对管理最需专家环节的意见

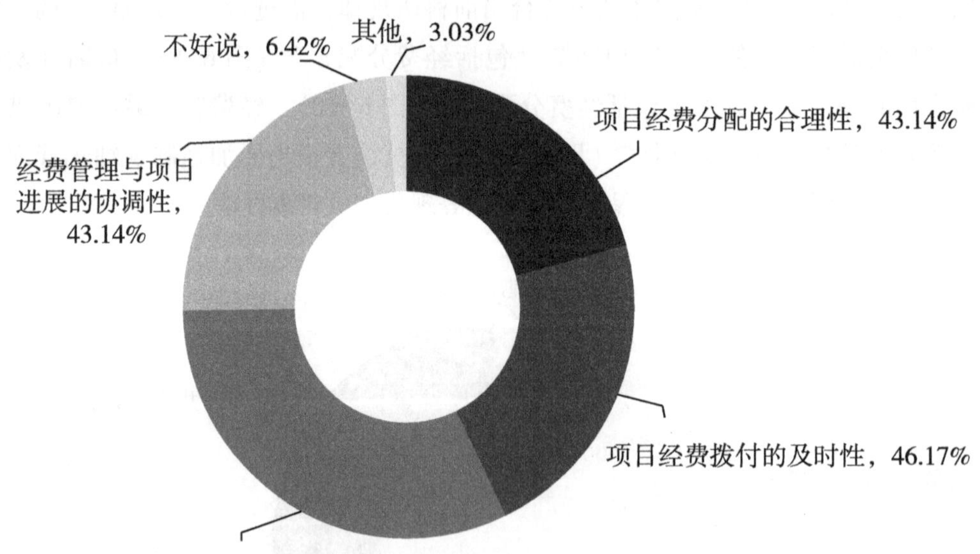

图 6-11 被访者对经费管理的意见

（2）实施效果

关于专项实施效果和影响的调查发现，大多数被访者意见集中在“较明显”，但均没有超过一半人数。75.76%认为专项“培养中青年科技人才”的作用是明显或较明显，是反馈较好的成效之一。53.65%认为专项“促进科技成果转化应用”的作用是明显或较明显，处于所有成效中满意度较低的一类（表 6-9）。

表 6-9　被访者对专项实施效果和影响的反馈　　（单位：%）

序号	存在问题	明显	较明显	一般	不明显	不太清楚
1	加快研发成果产出	25.13	41.71	26.02	4.10	3.03
2	推动学科发展	25.85	43.67	23.71	3.92	2.86
3	培育科研创新团队	25.67	44.21	22.99	4.10	3.03
4	培养中青年科技人才	30.48	45.28	17.29	4.28	2.68
5	促进科技成果转化应用	19.07	34.58	34.76	8.20	3.38
6	增强公益服务能力	27.09	40.29	24.78	4.81	3.03
7	提高自主创新能力和核心竞争力	24.60	42.60	24.42	5.35	3.03

第五节　专项项目实施

一、项目管理

基本科研专项是以一系列项目为载体进行实施的。专项项目实行课题制管理，采用“自主选题，规范管理”模式，即科研院所根据福建省科学技术厅年度计划指南要求和福建省财政厅确定的经费预算额度，依托已有的科研资源，围绕自身职能定位和基本科研方向开展自主选题研究。要求科研院所建立健全基本科研专项项目选题和经费使用管理制度，规范、公开、透明的管理。除按照《省属公益类科研院所基本科研项目及专项资金管理办法》（闽科政〔2015〕6 号）和《省属公益类科研院所基本科研项目及专项资金管理办法的补充通知》（闽财教〔2019〕26 号）执行外，还应严格按照国家有关规定和《福建省科学技术厅关于印发福建省科技计划项目管理办法》（闽科计〔2019〕9 号），实行项目台账管理，专款专用，提升绩效。

专项项目管理有别于传统竞争性项目的管理，是省级项目管理的创新尝试。传统省级科技计划的项目管理，政府部门（福建省科学技术厅等）参与项目的全过程管理，如负责指南发布与申报受理、立项管理、实施过程管理（部分）和验收结题管理，除了实施过程管理这个环节规定政府部门、项目实施管理单位、项目承担单位和科研人员按照相应职责开展项目管理，其他环节均以政府部门（福建省科学技术厅）负责组织或委托相关单位通过“福建省科技计划项目管理信息系统”等全程参与项目管理（图 6–12）。

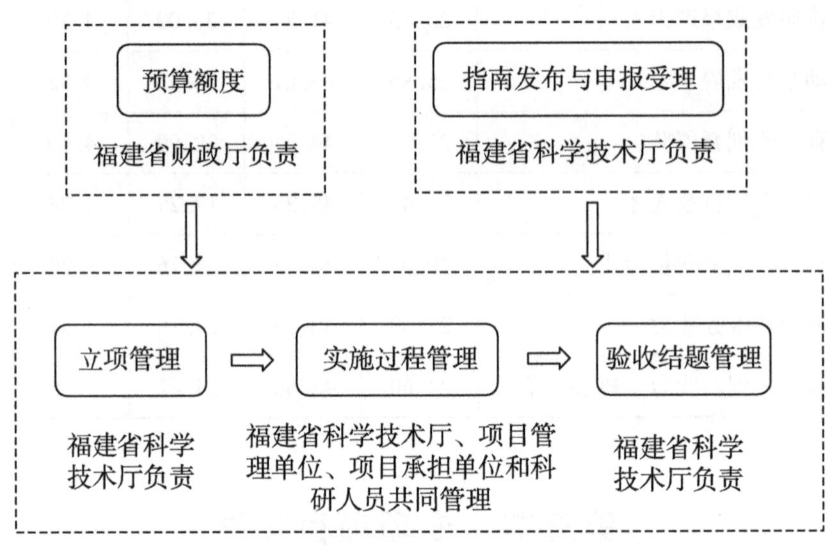

图 6–12　传统科技计划项目全程式管理模式

专项项目管理是在转变政府科技项目管理职能上作出调整，规定从立项管理、实施过程管理和验收结题管理等重要节点均由科研院所负责实施（图 6–13）。即下放对专项项目立项、实施、验收全过程管理的自主权，由科研院所（承担单位）具体实施，强调科研院所学术（科技）委员会的作用。同时加强专项经费使用的绩效管理和监督检查，如福建省科学技术厅会同有关部门每 2～3 年对科研院所基本科

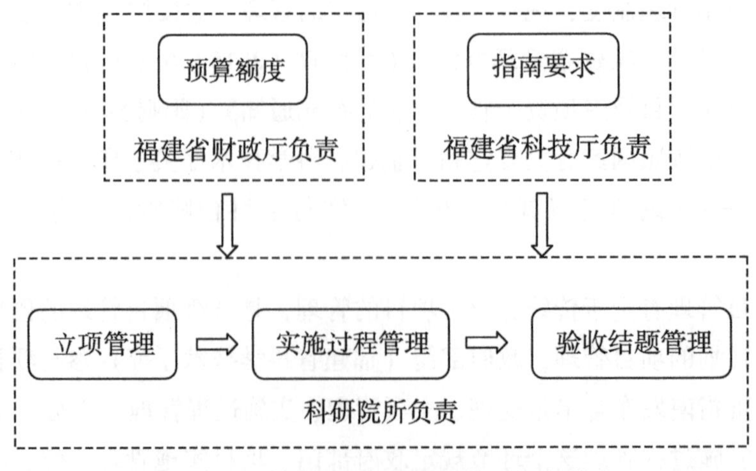

图 6–13　基本科研专项项目管理创新模式

研专项经费从事科研活动成效进行监测评估，评估结果作为调整下一轮科研院所专项经费预算额度的重要依据，以更好地平衡和实现放与管的关系，提高专项经费的使用效率。

专项项目管理在强化政府对科技资源宏观管理和统筹协调的同时，把具体科学研究问题的决策权回归到科研院所和科学家的手上，即赋予“科研院所学术（科技）委员会”重要的管理职能和决策权。专项项目管理模式短期内对科研院所自身的科研治理水平和治理能力具有较大挑战，但却是对目前大部分项目以竞争形式立项的有益补充，也是对科研院所科学共同体的培育以及适应未来科技发展趋势具有重要意义。

专项项目立项及资助额度应经科研院所学术（科技）委员会集体审议推荐，并在科研院所范围内公示（涉密项目除外）后报科研院所法定代表人审核，报经主管部门审核并签注意见后，通过“福建省科技计划项目管理信息系统”报福建省科学技术厅审查。

专项项目经费以项目为单位实行全额预算编制，编制要求严格按照《福建省财政厅、福建省科学技术厅印发福建省级科技计划项目经费管理办法》（闽财教〔2017〕41 号）和《福建省财政厅、福建省科学技术厅关于〈福建省级科技计划项目经费管理办法〉补充通知》（闽财教〔2019〕12 号）执行，包括直接经费和间接经费。科研院所负责审核项目经费编制和使用的合理性科学性，保证专款专用，形成科学的经费管理模式。随着 2021 年《国务院办公厅关于改革完善中央财政科研经费管理的若干意见》（国办发〔2021〕32 号）的出台，专项项目经费管理自主权将会进一步得到提升。

专项项目验收结题管理规定，专项项目负责人按照任务书及时完成项目任务，并向科研院所提交项目验收材料和财务决算，由科研院所组织验收。项目验收材料应当通过“福建省科技计划项目管理信息系统”报送福建省科学技术厅备案。

二、项目资助

（一）资助强度

2009—2020 年，专项共组织立项项目 2 532 项，平均单项资助经费为 13. 15 万元。项目资助规模和强度处于不断增加中，2015 年立项最多，为 316 项；2010 年立项最少，仅 196 项。2017 年单项资助强度最大，达 16. 40 万元；2009 年单项资助强度最小，仅 9. 03 万元（图 6-14）。

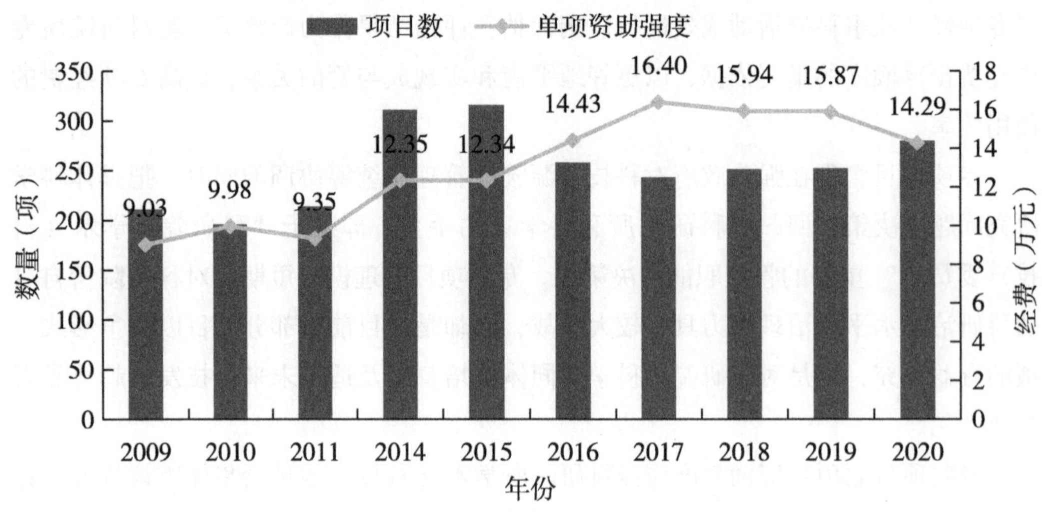

图 6-14　2009—2020 年专项项目资助情况

（二）成员构成

2009—2020 年，共有 2 532 人次科技人员作为负责人承担基本科研专项项目研究，其中正高级职称：副高级职称：中级职称：初级职称的比例为 2.03：3.92：3.58：1，副高级职称人数最多，达 930 人次，占 36.73%；初级职称人数相对较少，为 237 人次，占 9.36%（图 6-15）。

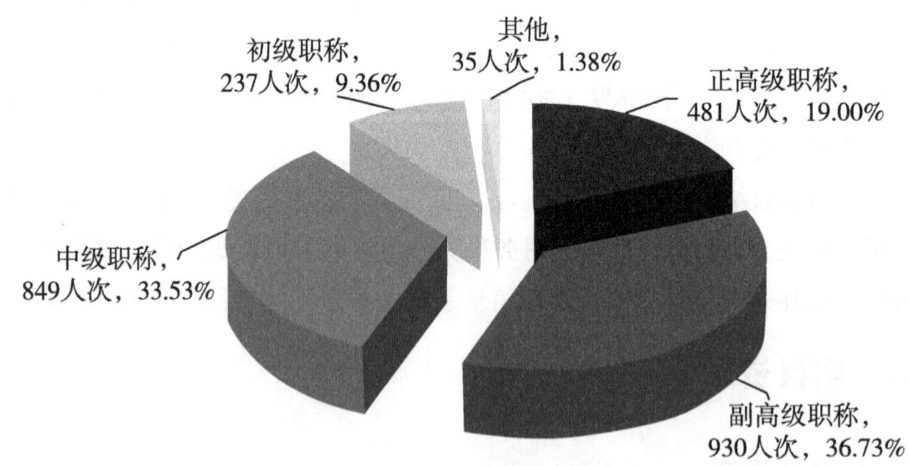

图 6-15　2009—2020 年专项项目负责人职称分布

项目负责人中，年龄最大的 59 岁，年龄最小的 24 岁，平均年龄为 39.65 岁。30～39 岁的人数最多，达 1 143 人次，占 45.14%；29 岁以下的人数最少，达 231 人次，占 9.12%（表 6-10、图 6-16）。

表 6-10　2009—2020 年专项项目负责人平均年龄

项目	2009 年	2010 年	2011 年	2014 年	2015 年	2016 年	2017 年	2018 年	2019 年	2020 年
平均年龄（岁）	41.87	39.29	38.44	38.59	38.65	38.92	39.76	39.84	40.54	41.02

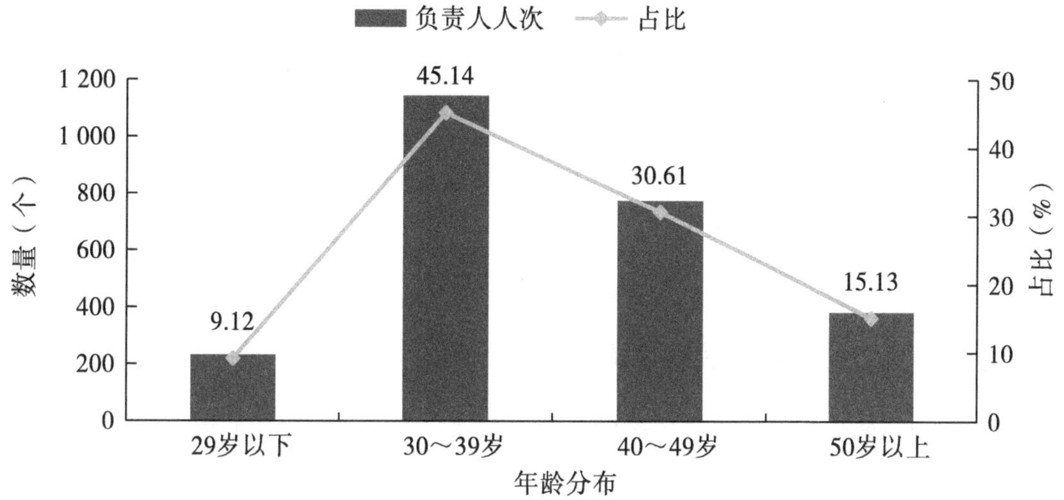

图 6-16　2009—2020 年专项项目负责人年龄分布

共有 17 148 人次科技人员参与 2 532 项项目的研究工作，平均单项参与人数为 6.77 人次。2014 年项目成员数和平均单项成员数均最多，分别为 2 369 人次和 7.62 人。2010 年项目成员数最少，为 1 178 人次；2009 年平均单项成员数最少，为 5.83 人（图 6-17）。

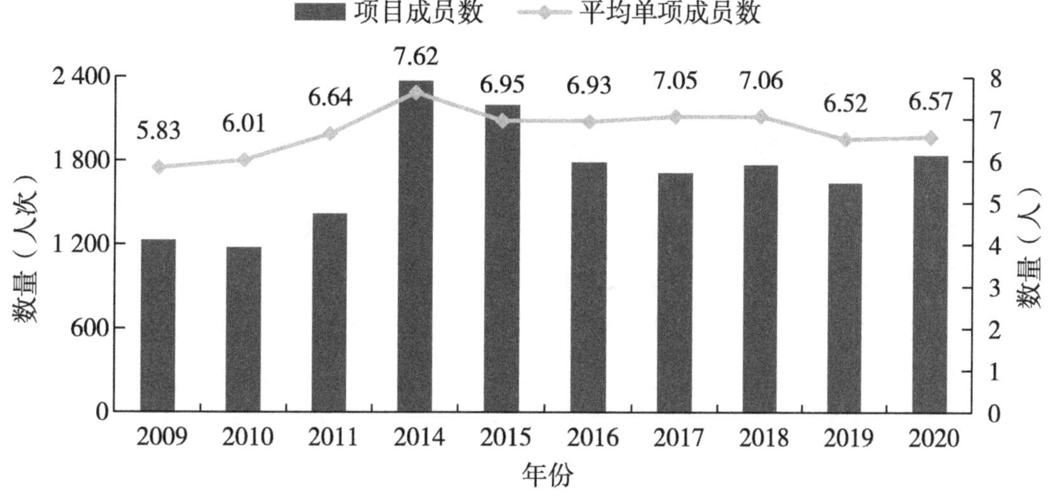

图 6-17　2009—2020 年专项项目成员规模

（三）结题验收

截至2021年8月10日，已有1 976项项目已鉴定或验收，占78.04%。在研项目有535项，占21.13%。到期未验收10项，涉及专项经费136万元。已中止6项，涉及专项经费135.50万元。已撤销3项，涉及专项经费79万元。

第六节　专项执行成效

一、取得成效

（一）促进基本科研活动的持续进行

通过向科研院所下放“自主选题，规范管理”的管理权限，使得科研院所能够结合自身科研发展规划开展优势学科领域和基础研究方向的自主选题。对壮大优势学科领域起到“助力器”作用，如福建省农业科学院作物研究所的薯类资源创新与利用研究和蔬菜生物技术及生产急需技术开发研究、福建省农业科学院畜牧兽医研究所的动物病毒病研究、福建省农业科学院植物保护研究所的生物安全研究等。对新兴研究领域培育发挥“苗圃”的作用，如福建省农业科学院水稻研究所的水稻分子育种研究、福建省农业科学院数字研究所的农业生产过程数据化研究、福建省农业科学院农业生物资源研究所的农业微生物资源研究与应用等。对弱势学科、传统学科、但又需要保护性研究学科领域的发展发挥促其“死而复生”的作用，如闽台农业合作研究、种质资源保护等。

（二）加强学科发展和科研成果产出

通过基本科研专项推动，科研院所取得了颇为丰硕的成果。十年来，科研院所获福建省科学技术重大贡献奖2人，获省科学技术奖169项，占全省同类奖项的9.77%。截至2020年，共承担省部级以上科技创新平台73个。获一类新兽药注册证书2份，三类新兽药注册证书1份。在品种审认定、植物新品种权、专利、著作权等方面具有较大优势。除直接产生的成果外，在专项经费的直接带动下，部分科研院所还取得国家项目等重大成果。如福建师范大学地理研究所10年来成功申请到国家级项目87项，发表SCI收录论文263篇。福建省水产研究所10年来争取政府科研项目经费达 24 577.50 万元。

（三）实现优秀人才培养和团队建设

通过基本科研专项的实施，推动了青年科研人才的快速成长和科研团队的优化组合，如厦门大学抗癌研究中心培育两个主要团队方向，福建省农业科学院在直属研究所之间打造几个大的研究团队。同时促进研究品牌培育，打造研究优势，逐步形成优势团队及研究方向，不断强化应用方向的研究与成果转化。不少科研院所既承担省级研发平台建设，也承担国家级研发平台建设，实现了省级和国家级研究项目的对接，不断向国家级研究水平努力。部分科研院所积累成熟的科技成果开始出现溢出现象，涌现出新一轮的成果转化热潮。如福建省微生物研究所、福建省农业科学院畜牧兽医研究所、福建省标准化研究院等，已经实现大量成果的成功交易。

（四）发挥科研人员积极性和主动性

基本科研专项经费的稳定支持为科技工作者，尤其是年轻人提供了主持省级项目机会和条件，切实调动了科研积极性，特别是那些敬业科研、兴趣科研的工作者，更是如鱼得水，受到极大的鼓舞和激励，如对于刚入职的新人起到“雪中送炭”作用，对年轻的科研骨干起到“扶上马送一程”“锦上添花”作用，较好地促进了科研院所的和谐发展，大大提高了科研工作效率。近年来快速成长为学科带头人的青年人才有福建省农业科学院农业工程技术研究所李怡彬，共获专项资助 67.5 万元，福建省农业科学院水稻研究所涂诗航，共获专项资助 63 万元等。

二、存在问题

（一）资助不符合《科研发展五年规划》

虽然科研院所均按要求制定《科研发展五年规划》（以下简称发展规划），但从实际执行效果来看并不理想，没有正确处理好专项规划和具体项目之间的内在逻辑关系，如有的科研院所项目研究方向凝练不够，重点不突出。有的科研院所立项领域多且跨度大，仍存在大小学科面面俱到的现象，如“十三五”期间所立项目涉及 5 大学科 15 个方向。有的科研院所研究内容较传统、方法老旧，对学科研究方向拓展不够，出现资金使用效率低，专项内容重复申报，无人申报的现象。有的科研院所立项明显与科研发展规划和发展定位不相符，出现专项资助用于所务工作的现象，如有的科研院所资助“科研人员信息管理系统”等。总体上项目立项过程受到人为或主观因素影响仍然存在，如缺乏学科带头人而凝练不出重点研究方向，有以平均分配稳定学科人事复杂局面等。

（二）经费使用绩效还需要进一步规范

一是经费使用违背相关管理办法。专项运行以来，福建省科学技术厅仅在2017年设有“科研成果后补助项目”，即可根据科研院所制定的《科技创新平台建设五年规划》提出需要购置的科研仪器设备，当年共资助科研成果后补助资金1 000万元。但在实际操作中仍有少数科研院所在其他年度利用专项经费大量购买科研仪器设备。也存在科研院所把大额外拨经费纳入绩效提取的核算基数等问题。二是经费使用率低问题普遍存在。以其中15家农业类科研院所为例，据统计，2015—2019年下达专项经费共计8 911万元，截至2020年3月，已开支6 794. 57万元，国库结余2 116. 43万元，因受疫情影响，财政全部清理收回。经科研院所向财政申请，财政批复867. 37万元，仍有1 209. 06万元被财政清收统筹。三是相关财务制度学习贯彻能力弱。在调研中发现虽然相关部门下达了很多制度，但科研院所没有认真组织学习，科研人员也没有很强的制度意识，还沿用原来的做法。有的科研院所2017年就已下放预算调剂权到承担单位，但调研过程中多名科技人员不熟悉该政策，致使资金无法开支，影响了资金执行进度。部分科研院所资金统筹意识不强，对国库和实体户资金“一盘棋”意识不够，有的课题组各自为政，致使资金盘活力度有限。

（三）项目管理不健全不规范问题突出

多数科研院所虽有根据上级部门要求制定有专项管理办法，但制定的办法和立项、执行、验收等管理环节流于形式，没有起到实质性作用，主观因素起决定性作用大。经初步统计，有将近一半的科研院所没有制定明晰的年度申报计划和重点，造成其在顶层设计方面没有落实好“科研发展规划”到“具体申报项目”有效衔接，申报课题凝练性和持续性都不够。有三分之一的科研院所没有按照《福建省财政厅、福建省科学技术厅〈关于省属公益类科研院所基本科研项目及专项资金管理办法〉的补充通知》（闽财教〔2019〕26号）更新管理办法。有的科研院所新制定的《省属公益类科研院所基本科研项目管理办法》推进落实不彻底。有的科研院所对学术（科技）委员会成立、公示材料、立项程序、过程执行、验收等档案管理仍存在不规范现象，无法做到规范完整，随时备查。

（四）项目运行效率还有待进一步加强

由于专项实行稳定支持，缺乏竞争机制，科技人员向外申报竞争性项目的积极性下降，产出效率降低。有的科研院所没有按时结题的时效意识，在“十三五”期间，共有 75 项项目办理延期结题，2017 年和 2018 年共有 65 项延期。有的科研院所没有制定与资助力度相匹配的绩效目标，随意性强，如资助经费 63 万元的项目仅要求申报发明专利 1 项，发表一类期刊 2 篇的任务指标，专项运行明显存在拿经费容易，验收无压力状态。另外多数科研院所缺乏年度滚动申报规划，申报项目出现大小年，造成年度间经费分配比例不协调。还存在个别科研院所因从事服务性工作或开拓市场占用大量人员，导致出现基本科研专项报不出项目、没有人承担课题的现象，科研经费全部或部分退回，造成了科研经费多余的假象。

三、对策建议

（一）修订完善《科研发展五年规划》

科研院所应依据中长期科研发展规划，立足福建省产业需求，突出发展重点，组织修订《科研发展五年规划》，把控好专项经费投入领域和重点。科研院所学术（科技）委员会要对发展规划进行审议，并经同行专家论证。科研部门要组织学术（科技）委员会对发展规划进行审核并提出修改意见或建议。经修订后的发展规划报福建省科学技术厅和福建省财政厅备案（替换）。如福建省农业科学院的专项创新要聚焦该院的五大创新工程、中农院协同创新、种业创新、科技创新团队建设、高层次人才引进培养等紧迫任务，统筹使用基本专项经费，以重大科研成果为导向，形成合力共同推进科技创新的跨越式发展。

（二）加强立项监管，规范立项流程

充分发挥学术（科技）委员会的作用，共同监管专项的立项过程。科研院所对福建省科学技术厅、福建省财政厅发布的《年度省属公益类科研院所基本科研专项项目申报指南》进行细化，根据科研院所学科优势，经所学术（科技）委员会审议，发布申报指南，组织科技人员申报。项目研究开发内容要聚焦科研院所创新重点，符合《科研发展五年规划》，不得用于资助行政事务等事项，不得多年资助单一课题组，不得大额资助单一项目，不得与省级引导性项目、对外合作项目、创新战略研究项目、自然科学基金项目等科技计划项目或院所级项目相似或雷同，不资

助有单干户倾向的课题组等。涉及科研院所领导自己承担或参与的项目，或其他可能影响公正评议的情形，应当主动申请回避。自主选题项目及资助额度必须经学术（科技）委员会集体审议推荐，在科研院所范围内公示，经科研部门审核后报福建省科学技术厅备案。

（三）加强资金统筹，规范结题验收

一是加强对财务制度的宣讲和培训，重点强化资金开支的时效性，即专项立项文件下发之日起就可以启用开支程序。加强资金统筹，既要保障正在执行项目的实施，也要加大对结余资金的统筹力度，盘活资金。建立项目负责人—承担单位—职能处室3层管理、定期上报和抽查管理的资金执行监管制度，并形成奖惩机制。加强资金投入产出绩效监管，并将资金使用率列入项目验收的重要条件之一。二是形成课题组、科研管理部门、财务部门等多级验收监管体系，按省级科技项目管理办法，严格审核验收材料，进一步规范验收过程。课题组要对照任务书，审阅研究内容相关性、任务指标完成情况、成果是否重复使用等内容。科研管理部门需认真核查项目任务书指标，制定项目验收程序，组织专家验收。财务部门要做好经费决算相关工作。科研院所要做好所有专项的结题验收工作指导、核查提交和督查工作。

（四）开展绩效评估，加强项目监管

一是要引入“专业评估机构”，对专项的申报立项、组织实施、结题验收、成果管理以及推广应用等环节开展专项绩效评估，评估结果作为政府科技主管部门制定专项发展计划、开展专项管理的重要依据。同时加强随机抽查，如可根据学科分布，通过摇号等方式，按科研院所或分专业从项目名录中随机抽查对象，从专家库中随机选派检查专家，每年对6～8个结题或结题一年以上的项目进行随机抽查。专家组采取听取项目组汇报，查阅有关佐证材料，查看研发现场，质询和讨论等过程，对随机抽查的成果内容进行核实，避免虚假成果，了解项目带动能力，提出改进建议，促进后期项目研究水平的提升。二是加强科研诚信管理，盯紧高发事项。开展科研诚信制度宣讲，进一步规范科研诚信监管与案件调查处理工作。盯紧高风险事项，尤其重点防范伪造、篡改研究数据、图表；防范违反奖励、专利等研究成果署名及论文发表规范等科研不诚信行为，完善惩罚措施。

参考文献

[1] 张逸雯，江丽杰，胡镜清. 国际科技评估体系与实践研究综述 [J]. 2018，20（7）：1076-1082.

[2] 翟亚宁，李昂. 科技计划评估理论研究回顾与展望 [J]. 世界科技研究与发展，2020，42（6）：667-676.

[3] 白波，肖小溪. 医学科技计划绩效评估 [M]. 北京：知识产权出版社，2013.

[4] 张琦. 论英国政府绩效管理改革及其价值启示 [D]. 徐州：中国矿业大学，2017.

[5] 陆娇，毛开云，赵晓勤，等. 国际科技评估方法与实践 [M]. 北京：科技出版社，2017.

[6] 申丹娜. 美国科技评估的国家决策及实践研究 [J]. 自然辩证法研究，2017，33（4）：51-56.

[7] 方晓东，董瑜，金瑛. 法国"未来投资计划"绩效评价的方法与启示 [J]. 世界科技研究与发展，2019，41（5）：455-463.

[8] 周文泳，胡璟璟，杜明. 发达国家的科技计划评估模式与经验借鉴 [J]. 郑州航空工业管理学院学报，2011，29（6）：10-13.

[9] 陶蕊，胡维佳，王勇. 国外科技计划评估体系的演变及启示 [J]. 科技管理研究，2018（16）：17-23.

[10] 杨飞，樊一阳，杨泽坤. 澳大利亚卓越研究项目及其对我国科技评价的启示 [J]. 科技管理研究，2016（18）：40-44.

[11] 翟启江. 美国先进技术计划绩效评估实践及对中国 863 计划绩效评估的启示 [J]. 科技进步与对策，2014，31（15）：118-122.

[12] 樊春良. 关于社会主义市场经济条件下国家科技计划功能和管理的思考 [J]. 科学学与科学技术管理，2002（10）：31-35.

[13] 国家科技评估中心. 大事记 [EB/OL].（2016-12-30）[2021-09-23]. http://www.ncste.org/memorabilia/index.html.

[14] 蔡志刚，李海丽，翟亚宁，等. 我国科技计划评估模式研究 [J]. 科技管理研究，2017（13）：47-51.

[15] 田德录. 我国政府科技计划绩效评估理论与实践 [J]. 中国科技论坛, 2010 (4): 37-40.

[16] 施筱勇, 杨云, 迟计, 等. 科技项目绩效评价指标体系研究 [J]. 科技管理研究, 2016 (10): 39-49.

[17] 郭嘉, 邢怀滨. 综合质量控制为诉求的公共研发绩效评价体系 [J]. 科学学研究, 2018, 36 (4): 622-634.

[18] 魏海燕. 科技计划的评估方法及其应用研究 [J]. 科研管理, 2007, 28 (增刊): 26-29.

[19] 欧阳进良, 李有平, 邵世才. 我国国家科技计划的计划评估模式和方法探讨 [J]. 中国软科学, 2008 (12): 139-145.

[20] 评估课题组. 2009—2010 年度福建省属公益类科研院所科技创新能力评估 [Z]. (内部报告), 2011.

[21] 评估课题组. 2011—2012 年度福建省属公益类科研院所科技创新能力评估 [Z]. (内部报告), 2013.

[22] 评估课题组. 2013—2015 年度福建省属公益类科研院所科技创新能力评估 [Z]. (内部报告), 2016.

[23] 评估课题组. 2016—2018 年度福建省属公益类科研院所科技创新能力评估 [Z]. (内部报告), 2019.

[24] 戚湧, 李千目. 科学研究绩效评价的理论与方法 [M]. 北京: 科学出版社, 2009.

[25] 范柏乃, 闫伟. 公共部门绩效评估方法的缺陷与修正: FBN 认同度评估法 [J]. 南京社会科学, 2016 (9): 80-87.

[26] 翟亚宁, 李昂. 科技计划评估理论研究回顾与展望 [J]. 世界科技研究与发展, 2020, 42 (6): 667-676.

[27] 欧阳进良, 翟启江. 国家科技计划良好形象的塑造和评价实践 [J]. 中国科技论坛, 2013 (2): 22-27.

附录一

福建省属公益类科研院所基本科研专项调查问卷

填写说明

1. 调查目的：省属公益类科研院所基本科研专项（以下简称“基本科研专项”或“专项”）已经运行十年，实行“自主选题，规范管理”，为进一步了解专项的实施情况，掌握相关人员对专项执行的满意度，不断完善专项管理，提高专项经费使用效率，特组织此次问卷调查。

2. 如无特殊说明，选择题均为单选题。按题目要求，将您认为合适的答案序号填入括号内。

3. 填空题需要您将相关看法填在横线上。

4. 问卷填写内容务求真实、准确，避免出现多填、漏填、误填等情况。

一、被访者基本信息

1. 您的性别（　　）

A. 男　B. 女

2. 您的学历（　　）

A. 博士研究生　B. 硕士研究生　C. 大学本科　D. 大专　E. 其他

3. 您的职称（　　）

A. 正高　B. 副高　C. 中级　D. 初级　E. 其他

4. 您的年龄（　　）

A. ≤25 岁　B. 26 岁≤X≤35 岁　C. 36 岁≤X≤45 岁　D. 46 岁≤X≤55 岁　E. ≥56 岁

5. 您的身份（　　）

A. 科技人员　B. 行政管理人员　C. 科技、财务管理人员　D. 其他

二、调查内容

6. 您对省科技厅“基本科研专项资助计划”是否了解（　　）

A. 非常了解　B. 比较了解　C. 一般　D. 不了解

7. 您认为基本科研专项政策和扶持力度是（　　）

A. 政策好、扶持力度恰当　B. 政策好、扶持力度不足

C. 现行政策及扶持力度均不合适　D. 不太清楚

8. 您是通过何种方式了解基本科研专项（可多选）（　　）

A. 作为专项项目评审专家　B. 作为专项项目负责人或成员

C. 作为专项（项目）行政、科技或财务管理人员　D. 其他方式　E. 没听说过

9. 您对基本科研专项的定位及目标是否了解（　　）

A. 非常了解　B. 比较了解　C. 一般　D. 不了解

10. 您对基本科研专项实行“自主选题，规范管理”的相关管理环节是否了解（　　）

A. 非常了解　B. 比较了解　C. 一般　D. 不了解

11. 您对目前基本科研专项（项目）管理的总体评价是（　　）

A. 满意　B. 比较满意　C. 一般　D. 不满意　E. 不太清楚

12. 您对科研院所制定的专项（项目）自主管理制度或办法的评价是（　　）

A. 满意　B. 比较满意　C. 一般　D. 不满意　E. 不太清楚

13. 您对基本科研专项（项目）管理公正公开和透明性的评价（　　）

A. 满意　B. 比较满意　C. 一般　D. 不满意　E. 不太清楚

14. 您对基本科研专项（项目）管理规范性的评价（　　）

A. 满意　B. 比较满意　C. 一般　D. 不满意　E. 不太清楚

15. 您认为目前基本科研专项（项目）管理在处理公平与效率的关系问题上（　　）

A. 基本做到公平与效率兼顾　B. 过分注重公平，忽视了效率

C. 过分注重效率，忽视了公平　D. 既没做到公平，也缺乏效率

E. 不好说

16. 请根据您了解的情况判断下列现象存在的普遍程度？

序号	现象	普遍	比较普遍	一般	不存在	不太清楚	您的选择
1	没有按照管理办法执行	A	B	C	D	E	
2	管理部门检查过多	A	B	C	D	E	
3	立项与专项定位和科研院所发展目标不相符	A	B	C	D	E	
4	项目立项评审存在不公平现象	A	B	C	D	E	
5	项目立项经费分配不公	A	B	C	D	E	
6	项目过程管理薄弱	A	B	C	D	E	
7	项目验收走形式、走过场	A	B	C	D	E	
8	项目档案材料管理不规范	A	B	C	D	E	
9	项目评价过分追求论文、专利等数量	A	B	C	D	E	
10	专家缺乏公正和诚信	A	B	C	D	E	

17. 您认为目前基本科研专项（项目）管理办法（　　）

A. 适应当前科研管理需要，无需进行修订

B. 不适应当前科研管理需要，应进行适当修订

C. 许多重要条款不符合当前科研规律，需进行大幅调整

D. 不太清楚

18. 您认为基本科研专项（项目）管理最需要改进的环节（可多选）（　　）

A. 自主管理办法建设　B. 立项环节（包括经费分配）　C. 过程管理环节

D. 结题验收环节　E. 不好说　F. 其他（请填写）：________________

19. 您认为基本科研专项（项目）管理哪些环节最需要发挥专家作用（可多选）（　　）

A. 制定《科研发展五年规划》　B. 指南编制　C. 立项评审（包括经费分配）

D. 实施过程管理　E. 验收结题　F. 不好说　G. 其他（请填写）：________

20. 您认为基本科研专项（项目）经费管理方面需要加以改进的地方（可多选）（　　）

A. 项目经费分配的合理性　B. 项目经费拨付的及时性

C. 项目经费使用缺乏灵活性　D. 经费管理与项目进度的协调性

E. 不好说　F. 其他（请填写）：________________________

21. 您认为基本科研专项对提升科研院所科技创新能力的作用？

序号	作用	明显	较明显	一般	不明显	不太清楚	您的选择
1	加快研发成果产出	A	B	C	D	E	
2	推动学科发展	A	B	C	D	E	
3	培育科研创新团队	A	B	C	D	E	
4	培养中青年科技人才	A	B	C	D	E	
5	促进科技成果转化应用	A	B	C	D	E	
6	增强公益服务能力	A	B	C	D	E	
7	提高自主创新能力和核心竞争力	A	B	C	D	E	

22. 提高基本科研专项（项目）管理成效，您还有哪些具体意见和建议（可另附纸）。

附录二

指标说明

1. 科技活动人员：指从业人员中的科技管理人员、课题活动人员和科技服务人员。

2. 学位和学历：指从事科技活动人员的学位和学历情况，按获得的最高学位和最高学历填写。如果有研究生学历无硕士学位，按硕士毕业填写。

3. 专业技术职称（务）：指从事科技活动人员中专业技术职称（务）情况，未实行专业技术职务聘任的单位，按原技术职称填报。

4. R&D 人员：指 R&D 活动单位中从事基础研究、应用研究和试验发展活动的人员。包括：(1) 直接参加 R&D 活动的人员；(2) 与 R&D 活动相关的管理人员和直接服务人员，即直接为 R&D 活动提供资料文献、材料供应、设备维护等服务的人员。不包括为 R&D 活动提供间接服务的人员，如餐饮服务、安保人员等，也不包括全年从事 R&D 活动工作量不到 0.1 年的人员。

5. R&D 全时人员：指从事 R&D 活动的实际工作时间占制度工作时间 90%及以上的人员，其全时当量计为 1 人・年。

6. R&D 非全时人员：指从事 R&D 活动的实际工作时间占制度工作时间 10%（含）～90%（不含）的人员，其全时当量按工作时间比例计为 0.1～0.9 人・年；从事 R&D 活动的实际工作时间占制度工作时间不足 10%的人员，不计入 R&D 人员，也不计算全时当量。

7. R&D 人员折合全时工作量：指报告期 R&D 人员按实际从事 R&D 活动时间计算的工作量，以“人・年”为计量单位，是全时人员折合全时工作量与所有非全时人员工作量之和，结果取整数。一个全时人员的折合全时工作量计为 1，非全时人员按实际投入工作量进行累加。例如，有 2 个全时人员（他们的工作量分别为 0.9 年和 1.0 年）和 3 个非全时人员（他们的工作量分别为 0.2 年、0.3 年和 0.7 年），则折合为：折合全时工作量=1+1+0.2+0.3+0.7=3（人・年）（四舍五入）。

8. 科技活动收入：指开展科技活动所获得收入，不论来源渠道如何。

9. 政府资金：指由各级政府部门直接拨款或企事业单位利用政府资金委托本单位从事科学技术活动所获得的收入。

10. 财政拨款：指年度实际收到的本级财政拨款，含一般公共预算拨款和政府性基金预算拨款。根据事业单位“收入支出决算总表”中的“财政拨款”项目填报。不包括离退休人员的政府拨款。

11. 承担政府科研项目收入：指为了开展科学研究、新产品试制、中间试验、科技成果示范性推广等科技活动，通过签订协议、合同或其他形式申请并获得的政府经费，包括课题专项、设备专项和其他专项。

12. 技术性收入：指从事科学技术活动所获得的非政府资金（毛收入），如：企事业单位和社会团体利用自有资金委托本单位开展科学技术活动所提供的资金，由技术开发收入、技术转让收入、技术咨询及技术服务收入、学术活动和科普活动收入几项合计。

13. R&D 经费内部支出：指单位内部为实施 R&D 活动而实际发生的全部经费，应按“全成本核算”的口径进行计量。包括人员工资、劳务费、其他日常支出、仪器设备购置费、土地使用和建造费等。不包括与外单位合作研究而拨给对方使用的经费。

14. 科学仪器设备：指纳入资产管理并直接服务于各类科技活动的仪器和设备（含配套附件及软件），包括教学仪器设备。不包括与基建配套的各种动力设备、机械设备、辅助设备，也不包括一般运输工具（科学考察用交通运输工具除外）和专用于生产的仪器设备。若科研与生产共用的仪器设备，则按其使用目的，统计在主要一方（不包括长期闲置不用的仪器和设备）。

15. 科技创新平台：指根据 2017 年《国家科技创新基地优化整合方案》中指定的科学与工程研究、技术创新与成果转化、基础支撑与条件保障 3 类。

16. 科技活动类型划分：基础研究、应用研究、试验发展、研究与试验发展成果应用、技术推广与科技服务。

17. 科学研究与试验发展（R&D 活动）：指为增加知识存量（也包括有关人类、文化和社会的知识）以及设计已有知识的新应用而进行的创新性、系统性工作。

18. R&D 活动分为以下 3 种类型：（1）基础研究；（2）应用研究；（3）试验发展。

19. 基础研究：指一种不预设任何特定的应用或使用目的的实验性或理论性的工作，其主要目的是为获得（已发生）现象和可观察事实的基本原理、规律和新知识。基础研究的成果通常表现为提出一般原理、理论或规律，并以论文、著作、研究报告等形式为主。基础研究可以分为纯基础研究和定向基础研究两类。

20. 应用研究：指为获取新知识，达到某一特定的实际目的或目标而开展的初始性研究。应用研究是为了确定基础研究成果的可能用途，或确定实现特定和预定目标的新方法。其研究成果以论文、著作、研究报告、原理性模型或发明专利等形式为主。

21. 试验发展：指利用从科学研究、实际经验中获取的知识和研究过程中产生的其他知识，开发新的产品、工艺或改进现有产品、工艺而进行的系统性研究。研究成果以专利、专有技术，及具有新颖性的产品原型、原始样机及装置等为主。

22. 研究与试验发展成果应用：指为解决研究与试验发展活动阶段产生的新产品、新装置、新工艺、新技术、新方法、新系统和服务等能投入生产或在实际中应用所存在的技术问题而进行的系统性活动。它不具有创新成分。此类活动包括为达到生产目的而进行的定型设计和试剂以及为扩大新产品的生产规模和新方法、新技术、新工艺等的应用领域而进行的适应性试验。

23. 科技课题：指为解决与科学技术有关的问题，而开展的有组织的、得到本单位认可的活动。包括课题、专题、项目、任务等。

24. 科技课题计划投资总额：指课题立项时，在项目合同书上或课题计划上所确定的投资总额。

25. 科技课题投入人员折合全时工作量：指实际参加课题活动的各类人员工作量的总和（不包括合作项目中本单位没有发放劳务报酬的外单位人员）。

26. 科技课题当年内部支出：指当年为进行该课题研究而实际用于本单位内的全部支出，包括课题人员工资、劳务费、其他日常支出、仪器设备购置费、土地使用和建造等，不包括与外单位合作研究而拨给对方使用的经费。

27. 科技成果转化：指技术转让（许可、作价投资）、开发、咨询及服务等活动。

28. 科技成果转让：指通过所有权转移等转让方式进行科技成果转化。

29. 科技成果许可：指以许可使用等方式进行科技成果转化。

30. 技术作价投资：指以技术折算一定价值对外投资的科技成果转化，包括以专利作价入股、以技术作价投资创设新公司、以技术作价投资参股公司等方式。

31. 技术开发、咨询、服务：指按照《中华人民共和国合同法》第十八章签署的技术开发、技术咨询和技术服务合同。

32. 对外科技服务：与科学研究与试验发展有关并有助于科学技术知识的产生、传播和应用的活动，包括：为扩大科技成果的使用范围而进行的示范性推广工作；为用户提供科技信息和文献服务的系统性工作；为用户提供可行性报告、技术方案、建议及进行技术论证等技术咨询工作；自然、生物现象的日常观测、监测，资源的考察和勘探；有关社会、人文、经济现象的通用资料的收集，如统计、市场调查等，以及这些资料的常规分析与整理；为社会和公众提供的测试、标准化、计量、计算、质量控制和专利服务，不包括工商企业为进行正常生产而开展的上述活动。

后　记

受福建省科学技术厅委托，本书作者于2009年开始福建省属公益类科研院所科技创新能力评估的研究工作，分别提交了2009—2010年度、2011—2012年度、2013—2015年度、2016—2018年度4轮科研院所科技创新能力评估报告，评估结果作为福建省科技厅每年4 000万元的“省属公益类科研院所基本科研专项”科技计划预算安排的重要依据。同时编制了《福建省属公益类科研院所发展报告（2016）》《福建省属公益类科研院所发展报告（2019）》《福建省属公益类科研院所发展报告（2021）》等研究报告，对36家科研院所科技资源投入、科研成果产出和经济社会效益等进行全面、深入的评估分析，为科技管理和决策提供参考依据。上述的研究和探索，为本书系统深入分析科研院所科技创新能力奠定了重要基础。

本书是福建省社会科学基金项目“福建省属公益类科研院所治理体系变迁与新发展阶段创新研究”（FJ2021B146）等项目的部分研究成果。书稿在撰写和加工过程中，得到福建省农业科学院农业经济与科技信息研究所、科研管理处，福建省科学技术厅发展规划与政策法规处，以及福建省36家省属公益类科研院所等单位专家、同仁的指导和帮助，在此，谨向他们表示诚挚的感谢！

限于水平和时间，书中难免有疏漏和不足之处，敬请批评指正。

著　者

2022年8月